Annette Huber

50 *sagenhafte* Naturdenkmale
der Metropolregion Hamburg

Annette Huber

50 *sagenhafte* Naturdenkmale
der Metropolregion Hamburg

Bäume · Findlinge · Moore · Wiesen · Bracks

steffen verlag

Übersichtskarte

* In Schleswig-Holstein werden seit 1969 die Landkreise als Kreise bezeichnet.

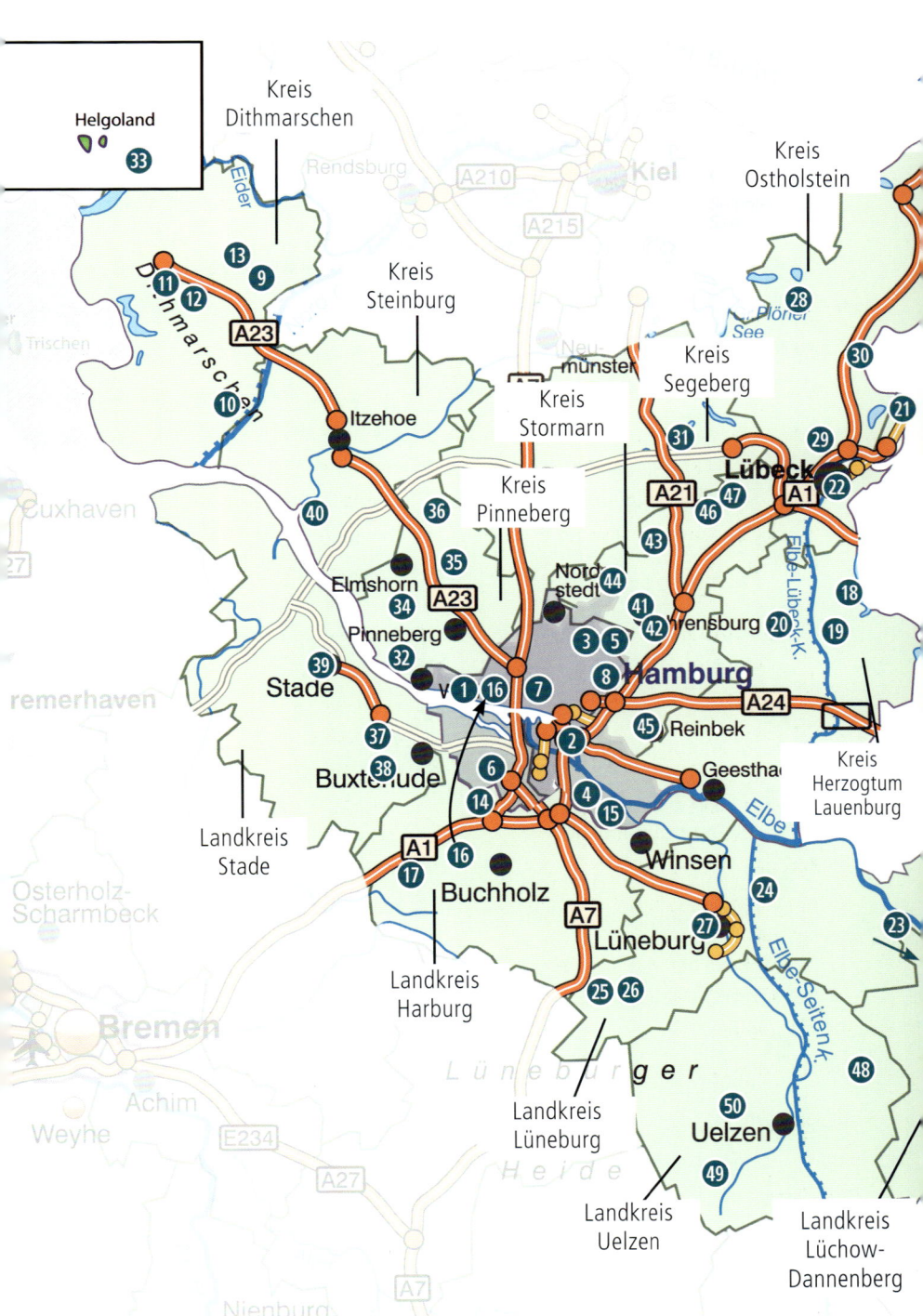

Inhaltsverzeichnis

Einzelbäume bilden die mit Abstand größte Gruppe der Naturdenkmale in Deutschland, darunter die tausendjährige Eiche von Barmstedt (s. S. 151).

Vorwort

Ich sage es besser gleich, bevor Sie es selbst bemerken: Dieses Buch beschreibt nicht 50 sagenhafte Naturdenkmale in und um Hamburg, sondern enthält 50 Texte zu bemerkenswerten Orten, an denen Sie meistens genau ein, manchmal aber auch zwei oder sogar mehrere Naturdenkmale bewundern können. Zum Beispiel gleich drei Wilhelmsburger Bracks in einem Text. Sie bekommen also mehr, als Sie dachten. Gut, oder?

Was ist ein Naturdenkmal? Zunächst einmal ist es ein Begriff der Gesetzgebung. Die Naturschutz- oder Umweltbehörden der Landkreise kleben es einer »Einzelschöpfung der Natur« auf, um sie vor Äxten, Baggern und Giftspritzen zu schützen. Das Bundesnaturschutzgesetz untermauert den Schutz dieser Einzelschöpfungen in Paragraf 28 mit »wissenschaftlichen, naturgeschichtlichen oder landeskundlichen Gründen«. Auch führt es ihre »Seltenheit, Eigenart oder Schönheit« ins Feld.

Zeigertiere des deutschen Naturschutzes: Waldohreule im Osten, Seeadler im Westen.

Im Ranking der geschützten Gebiete steht das Naturdenkmal auf Platz 4, unterhalb vom Landschaftsschutzgebiet (Bronze), dem nationalen Naturmonument (Silber) und dem Naturschutzgebiet (Gold). Für den Hausgebrauch kann man sich merken, dass ein Naturdenkmal etwas Kleines ist: ein einzelner Baum, ein Findling, eine Quelle oder, beim Flächendenkmal, ein schützenswertes Gebiet von maximal 1,5 Hektar.

Als man in den 1930er Jahren begann, Naturdenkmale auszuweisen, wurden damit gelegentlich auch prähistorische Grabanlagen vor dem Überpflügen geschützt; es gab zu diesem Zeitpunkt einfach noch keine andere gesetzliche Handhabe. So ist im Laufe der Jahre ein buntes Nebeneinander von Naturdenkmalen entstanden. Zudem legt jede lokale Behörde den Begriff unterschiedlich aus. Während zum Beispiel im Landkreis Pinneberg über 160 Bäume ein sorgenfreies, weil denkmalgeschütztes Leben führen, listet Hamburg unter seinen elf Naturdenkmalen genau einen Baum. Dabei weiß jeder, dass Hamburg eine Menge wunderbare Bäume hat! Für die gibt es dann aber wieder eine extra Baumschutzverordnung. Ob die reicht, um sie zu schützen, wird an anderer Stelle heiß diskutiert.

Um die Unschärfe noch zu erhöhen, gibt es neben den Naturdenkmalen auch noch Bodendenkmale und Geotope. Das sind auch Naturdenkmale, allerdings solche, die unter der Erde liegen und nicht auf ihr stehen oder wachsen. Für die Bodendenkmale sind die Denkmalschutzämter zuständig, für die Geotope der Naturschutz, andere Abteilungen also als jene, welche die Kompetenzen für Naturdenkmale besitzen. Sie können sich vorstellen, dass es da manchmal knifflig wird. Die Sievertsche Tongrube in Hummelsbüttel ist zum Beispiel ein als Naturdenkmal verkleidetes Bodendenkmal. Der Garten der Alma de l'Aigle wiederum wurde als Naturdenkmal ausgeschrieben, obwohl er meiner Ansicht nach ein kulturhistorisches Denkmal wäre. Aber diese schöne Kategorie muss erst noch erfunden werden, und bis dahin können wir uns freuen, dass dieser Gartenrest mit Hilfe des Naturdenkmalstatus vor den Baggern geschützt werden

Erfüllen die Schutzziele »Seltenheit« und »Schönheit«: Knabenkräuter in der Sievertschen Tongrube (s. S. 26).

konnte. Denn darum geht ja in allen 50 Kapiteln dieses Buches: leicht verletzliche, aber unersetzliche Naturschätze zu schützen. Orte zu bewahren, an denen Tiere und Pflanzen leben und wo Menschen in ihrem Herzen berührt werden.

Die Naturdenkmale in diesem Buch liegen alle innerhalb der Metropolregion Hamburg und wurden nach verschiedenen Kriterien ausgewählt. Eines davon war Zugänglichkeit. Es ist nicht Sinn der Sache, dass Sie mit diesem Buch in der Hand durch ein wegloses Moor tapsen und dabei den letzten Sumpfporst zertreten. Daher fehlt in diesem Buch eines der elf Hamburger Naturdenkmale: der nicht durch Wege erschlossene Poppenbütteler Graben. Und sosehr ich mir wünsche, dass das Buch Sie zu dem einen oder anderen Ausflug anregt, bitte ich Sie doch herzlich, beim Besuch eines Naturdenkmals immer respektvoll auf den Wegen zu bleiben, Ihren Hund anzuleinen, nichts mitzunehmen und nichts zu hinterlassen. Wann immer möglich, habe ich die Anreise mit öffentlichen Verkehrsmitteln für Sie beschrieben – bitte vorher noch mal auf Aktualität überprüfen!

Die Auswahl sollte auch die geologischen und kulturhistorischen Besonderheiten des Hamburger Umlandes abbilden. Deshalb finden Sie hier neben vielen Denkmalen zu Eiszeiten und Sturmfluten auch Geschichten über schleswig-holsteinische Doppeleichen und den Fürsten von Bismarck. Auch hat aus diesem Grund das eine oder andere Geotop den Weg ins Buch geschafft.

Noch ein letztes Wort zur Sagenhaftigkeit. Mit Sagen ist das so eine Sache. Das sind Geschichten von Ereignissen, die vielleicht auf wahren Begebenheiten beruhen, vielleicht aber auch nur sehr schön ausgedacht sind. Manche Sagen sind uralt, manche riechen noch nach Babyshampoo. Wir haben den Begriff der »Sage« hier recht weit gefasst und nach Orten gesucht, zu denen es etwas Interessantes, Kurioses, Überraschendes zu erzählen gibt. Wenn Sie also nach der Lektüre rufen: »Das ist ja sa-gen-haft!«, haben der Verlag und ich unser Ziel erreicht. Und nun: Viel Freude beim Entdecken dieser 50 besonderen Plätze!

Ein Findling mit Taufschein

❶ Als die Kette des Eimerbaggers »Titan« sich am 17. September 1999 im Mergelgrund der Elbe bei Othmarschen verhakte, war dies ausnahmsweise kein lästiger Arbeitsunfall, sondern der Beginn einer urbanen Liebesgeschichte. Taucher wurden ausgeschickt, um die Kette zu befreien, und fanden in 15 Meter Tiefe einen riesigen Granitbrocken. »Eine Sensation!«, jubelten die Mineralogen. »Ein Hindernis!«, sagten die Ingenieure vom Strom- und Hafenbauamt. Der Stein lag mitten im Schiffswendegebiet zwischen Parkhafen und Övelgönne und gefährdete die Schifffahrt. Unter reger Anteilnahme der Öffentlichkeit machten sich Experten aus Rostock und Holland an die Bergungsarbeiten. Der erste Versuch, die 217 Tonnen

Mit 217 Tonnen Gewicht, 80 Kubikmetern Volumen und den (ungefähren) Traummaßen 7,9 x 5,2 x 4,5 Meter bringt es der Alte Schwede auf Platz 8 der norddeutschen Findlingsliga.

schwedischen Granit zu heben, scheiterte im September 1999 – der Stein ließ sich nur kurz blicken, rutschte dann aus den armdicken Stahltrossen und sank zurück auf den Elbgrund. 160 000 Mark in den Sand gesetzt! – das beeindruckte das »Hamburger Abendblatt«. Am 23. Oktober 1999 gelang die Bergung, und der Stein wurde unweit seines Fundortes auf das Othmarscher Elbufer gebracht, bejubelt von 600 Schaulustigen. Ein Name lag schnell in der Luft: Alter Schwede schien passend für den LKW-großen Granitfindling, hatten die Geologen doch festgestellt, dass er aus der Gegend um Växjö im schwedischen Småland stammt und stolze 1,8 Milliarden Jahre auf dem grauen Buckel hat. Wahrscheinlich wanderte er mit der Elster-Eiszeit vor etwa 400 000 Jahren quer über die heutige Ostsee, bis er dann im Elbe-Urstrom liegenblieb.

Seit seiner Bergung ist es mit der Ruhe vorbei. Die Hamburger schlossen den Alten Schweden sofort ins Herz und machten ihm zum beliebtesten Ausflugsziel der Stadt. Als er wenige Nächte nach seiner Aufstellung von Sprayern »begrüßt« wurde, ging ein Aufschrei durch die Lokalpresse. Sofort wurde er gereinigt und graffititauglich versiegelt. Nicht nur Picknickern und Kletterfreunden (der Stein hat Boulder-Schwierigkeitsgrad 7 b), sondern auch den Offiziellen kam der Stein gerade recht: Die hamburgische Integrationsbeauftragte begrüßte ihn als »Hamburgs ältesten Einwanderer«, Pastoren schrieben Sonntagsworte über ihn, und am 6. Juni 2000 tauften Hamburgs damalige Bürgermeisterin Krista Sager, der schwedische Generalkonsul und der Pastor der schwedischen Gustaf-Adolf-Kirche den Stein offiziell auf den Namen Alter Schwede. Mit Elbwasser natürlich. Sogar ins Museum hat es der Alte Schwede geschafft: Seine Form war Vorbild für den Felsen, von dem aus die ausgestopfte Walrossdame Antje seit September 2004 die Besucher des Zoologischen Museums am Martin-Luther-King-Platz begrüßt.

Der Teil des Elbe-Wanderwegs, an dem der Alte Schwede liegt, wurde nach dem Hamburger Autor Hans Leip benannt. Sein Roman »Jan Himp und die kleine Brise« aus dem Jahr 1934 spielt zwischen

Vom Alten Schweden aus kann man die Schiffe im Waltershofer Hafen beobachten.

Segelbootverleih und Reedersvillen hier an der Övelgönne. Weltruhm erlangte Leip als Verfasser des Gedichts »Lili Marleen«, das
er 1915 als Soldat im Ersten Weltkrieg schrieb. Die Vertonung von
Norbert Schultze, gesungen von Lale Andersen, war einer der ersten
Radio-Welthits der Geschichte. Der amerikanische Präsident Dwight
D. Eisenhower soll gesagt haben, Hans Leip sei der einzige Deutsche
gewesen, der der Welt im Zweiten Weltkrieg Freude bereitet habe.

Geht man das Hans-Leip-Ufer entlang in Richtung Nordsee, so
kommt man nach einem angenehmen Spaziergang nach Teufelsbrück. Hier stößt der Jenischpark ans Wasser und an die berühmte
Elbchaussee. In der Elbchaussee 330 befindet sich das Hauptquartier
der Elblotsen-Lotsenbrüderschaft, und so sieht man hier in der Nähe
manchmal Männer mit amtlichen Mützen auf dem Kopf und Kar-
tenrollen unter dem Arm. Und einen Schiffsanleger gibt es, wo man
nicht nur Kaffee trinken, sondern auch nach Finkenwerder überset-
zen kann.

Die Brücke, die Teufelsbrück seinen Namen gab, überspannte das
Flüsschen Flottbek, das hier in die Elbe mündet. Die Sage behauptet,

An Sonnentagen kommen Hunderte von Menschen beim Alten Schweden vorbei.

dass an dem Tag, als das Schiff mit dem gefangenen Klaus Störtebeker vorbeikam, der Teufel auf der Brücke getanzt und Störtebeker über den Fluss hinweg gerufen haben soll. Doch der Schriftsteller Gorch Fock, der als Finkenwerder Jung' mit den lokalen Verhältnissen bestens vertraut war, wusste eine handfestere Etymologie zu bieten: Die Brücke sei einfach im Mittelalter immer in so schlechtem Zustand gewesen, dass die entnervten Fuhrleute sie als »Dübelsbrügg« bezeichnet hätten. »Als dann bessere Verkehrsverhältnisse geschaffen waren, blieb der Name gleichwohl hängen, und es dauerte nicht lange, da kam die Sage und ruhte nicht, bis sie den wirklichen Teufel drangemengt hatte.«

Da die Hamburger (neben dem Geldverdienen) nichts lieber tun, als Interessantes über ihre Stadt zu erzählen, wird es sicherlich auch beim Alten Schweden nicht lange dauern, bis ihm eine passende Sage »zugeheimnist« wird. Man darf gespannt sein ...

Praktische Informationen:
Der Stein liegt direkt am Elbe-Wanderweg am Hans-Leip-Ufer (südöstlich von Schröders Elbpark).

Google-Koordinaten: 53.544660, 9.895628

Leben mit dem großen Strom

Hamburg-Wilhelmsburg

② Kein anderer Hamburger Stadtteil ist so vom Wasser geprägt und gestaltet wie Hamburg-Wilhelmsburg. Hier, zwischen Hamburg-City und Harburg, wo der Tidenhub der Nordsee noch spürbar ist, hatte sich die Elbe in früheren Zeiten ein riesiges Binnendelta geschaffen, mit Haupt- und Nebenarmen, Untiefen und zahllosen großen und kleinen Inseln. Eine Schifffahrt von Harburg nach Hamburg war aufgrund der sich ständig verändernden Landmassen und Wassertiefen ein nicht ungefährliches und zeitraubendes Unternehmen. Doch Land, vor allem fruchtbares Schwemmland, war und ist kostbar. Im Jahr 1672 witterte Georg Wilhelm, Herzog von Braunschweig-Lüneburg, hier eine Möglichkeit, sein Hoheitsgebiet zu vergrößern. Er kaufte drei kleinere Inseln im Elbstrom und ließ sie durch Deiche verbinden. Dies war die Geburtsstunde des heutigen Stadtteils Wilhelmsburg, und natürlich wurde die neue Insel nach seinem ersten Herrn und Deichbauer benannt.

Seitdem haben Generationen von Wilhelmsburgern weitere Inseln eingedeicht, Land aufgeschüttet, Entwässerungsgräben gezogen und an anderer Stelle wieder Kanäle und riesige Hafenbecken ausgebaggert. Es ist eine Insel, die vom Wasser lebt: Der größte Teil des Hamburger Hafens liegt auf Wilhelmsburger Gebiet. Kanäle führen von den Hafenbecken zu den Industriebetrieben, die im nördlichen und im westlichen Teil des Stadtteils ihren Sitz haben. Im östlichen und im südlichen Teil, in Georgswerder und Kirchdorf, gibt es hingegen Weiden und Gemüsefelder.

Doch das Wasser bringt nicht nur Wohlstand, sondern manchmal auch den Tod. Immer wieder wurde Wilhelmsburg von schweren Sturmfluten heimgesucht, zuletzt im Februar 1962, als nach dem Bruch des Klütjenfelder Hauptdeichs riesige Wassermassen aus dem

Spreehafen über die Veddel und das Reiherstiegviertel hereinstürzten. 222 Menschen starben. Nach dieser letzten Katastrophe wurden die Deiche nochmals erhöht und der Flutschutz wesentlich verbessert. Heute können die 52 000 Wilhelmsburger bei Sturmfluten beruhigt schlafen.

Nordsee ist Mordsee. Theodor Storm aus Husum, als Autor des »Schimmelreiters« bestens mit Deichen vertraut, wusste in seiner Sammlung schleswig-holsteinischer Sagen zu berichten, wie die Stumfluten entstanden. Und wie so oft ist verschmähte Liebe im Spiel. Um das Jahr 600 verliebte sich Garhöven, die Königin von England, in den König von Dänemark. Der Däne versprach ihr die Ehe, doch er ließ sie sitzen. Aus Wut ließ die Königin das sieben Meilen lange Vorgebirge zwischen England und Frankreich abtragen. Siebenhundert Männer mussten sieben Jahre lang daran arbeiten. Dann aber erhob sich das Wasser in einer so gewaltigen Flut, dass sie die ganze dänische Küste und die deutsche Nordseeküste gleich mit verwüstete. Aus Wut darüber erhob sich der dänische Adel und vergiftete den untreuen König; sein Name wurde getilgt. Doch der Zorn der Königin Garhöven trägt seitdem einmal im Jahr eine große Flut über die Nordsee.

Viele Sturmfluten der Vergangenheit haben sich in Wilhelmsburg dauerhaft verewigt: als Bracks. Ähnlich wie das Gutsbrack in Francop (s. S. 39) entstanden diese kleinen Seen an Stellen, wo das Wasser mit Gewalt den Deich durchbrach und auf der Landseite ein tiefes Loch, nicht selten 20 Meter oder noch mehr, ausspülte. Je leichter der Boden, desto einfacher konnte das Wasser ihn forttragen; an torfigen Stellen waren die Bracks daher noch tiefer als an sandigen oder lehmigen.

Der Fachbegriff für ein durch Wasserkraft gegrabenes Loch ist in Norddeutschland »Kolk« im Süddeutschen spricht man auch von »Gumpe«. Kolke, die durch Deichbruch entstanden, nannten die Norddeutschen »Brack« oder »Brake«, nach dem plattdeutschen Wort »braak« (= Bruch). Abgeleitet davon ist auch das

Das Uhlenbuschbrack 2 ist bereits stark verlandet.

Wort »brackig« für schwach salziges Wasser. Denn in der Tat wurde bei Sturmfluten Salzwasser aus der Nordsee bis Hamburg gedrückt. Einmal über den Deich geflossen, kam es nicht mehr zurück, und so blieben Bracks lange Zeit salzig, bis sie schließlich durch Regen und Salzabbau zu Süßwasserseen wurden.

Derartige Löcher waren mit den damaligen Mitteln nicht zuzuschütten, daher zog man den neuen Deich entweder vor oder hinter dem Brack; die binnenseitigen Bracks blieben dann als Seen zurück.

In den Hamburger Elbmarschen gibt es heute noch über 60 Bracks, die meisten davon liegen in den Vier- und Marschlanden.

Die enge Verbindung von Deich und Brack zeigt sich ganz bildlich an einer Straßenecke in Kirchdorf im südlichen Wilhelmsburg: Hier treffen die Straßen Callabrack, Alter Deich und Am Papenbrack zusammen.

Das knapp einen halben Hektar große, zum Teil von Gehölzen eingerahmte Callabrack am südlichen Rand von Kirchdorf entstand vor

Papenbrack im Spätwinter, im Hintergrund die Wohntürme von Kirchdorf-Süd.

1702 und ist heute Teil der Spiel- und Grünanlage Grünes Zentrum Kirchdorf. An manchen Tagen kann man das Meckern der Ziegen vom nahe gelegenen Kinderbauernhof bis hierher hören. Die Kinder der Schule Stübenhofer Weg betreiben hier praktische Naturkunde, studieren die Tier- und Pflanzenwelt und nehmen Gewässerproben. Das Callabrack ist an einigen Teilen stark mit Brombeeren, Erlen und Weiden bewachsen, aber es gibt auch offene Uferbereiche. Viele Wasservögel leben hier; auf den Feuchtwiesen im Landschaftsschutzgebiet Wilhelmsburger Elbwiesen auf der anderen Straßenseite Richtung A7 finden sie reichlich Nahrung.

Wenige hundert Meter nördlich liegt das etwas größere Papenbrack inmitten von Ein- und Zweifamilienhäusern in einer kleinen Grünanlage. Es ist mit großer Wahrscheinlichkeit schon vor 1624 entstanden. Niemand weiß genau, wie tief es ist, aber dafür ist sein Fischbestand erforscht: In seinem trüben, nährstoffreichen Wasser tummeln sich Schleie, Ukeleie, Schlammpeitzger, Hecht, Zander,

Die Seerosen am Nordufer des Papenbracks zeigen nährstoffhaltiges Wasser an.

Callabrack – Idylle pur.

Bitterling, Schmerle und Grünling. Fünf dieser Arten stehen auf der Roten Liste, Schlammpeitzger und Bitterling sind bundesweit stark gefährdet.

Ganz verwunschen hinter dichten Erlen und Weiden liegen die beiden Uhlenbuschbracks südlich der Straße Kuckuckshorn, zugänglich am besten über den Radweg entlang der Südlichen Wilhelmsburger Wettern. Sie sind nur durch einen wenige Meter breiten, moorigen Streifen voneinander getrennt. Uhlenbusch 1 ist mit 0,3 Hektar schon recht klein; Uhlenbusch 2 misst nur etwa 10 Meter im Durchmesser. Wie bei allen Wilhelmsburger Bracks ist auch hier das Entstehungsjahr nicht genau bekannt, die erste Erwähnung stammt aus dem Jahr 1777.

In unmittelbarer Nachbarschaft der Uhlenbuschbracks können Sie zwei weitere, nicht als Naturdenkmale geschützte Bracks auch per Paddelboot erkunden: Das Kükenbrack und der mit ihm verbundene

Kuckucksteich sind von Norden über Aßmannkanal und Rathauswettern zugänglich. Im Sommer ist ihre Wasseroberfläche von gelben Teich- und weißen Seerosen bedeckt. Die Tour führt vorbei an Kleingärten und Kormoranen mitten durch den Wilhelmsburger Inselpark, der im Rahmen der Gartenschau von 2013 angelegt wurde und mit seinen vielen schönen Pflanzungen und Spielplätzen auch jetzt noch eine Reise wert ist. Ein weiteres Brack mit dem gruseligen Namen Galgenbrack liegt auch auf dem Gelände des Inselparks, hat aber keinen Bootszugang.

Praktische Informationen:
Die Wilhelmsburger Bracks erkunden Sie am besten per Rad, schließlich ist Wilhelmsburg Hamburgs Vorzeigestadtteil in Sachen Fahrradverkehr. Eine mögliche Tour bringt Sie mit der HADAG-Fähre 73 von den Landungsbrücken (Brücke 1) bis zum Anleger Ernst-August-Schleuse. Oder Sie fahren durch den Alten Elb tunnel über den neuen Luxus-Radweg zur Schleuse. Über die schmalen Wege entlang des Veringkanals kommen Sie in ca. 15 Minuten in den Inselpark mit Küken- und Galgenbrack, von dort zu den Uhlenbuschbracks und dann in wenigen Minuten über die hohe Parkbrücke hinüber zu Papen- und Callabrack. Alternative: Vom S-Bahnhof Wilhelmsburg führt ein Radweg fast direkt bis zum Papenbrack und von dort zum Callabrack. Wer Lust hat, kann vom Callabrack über die Autobahnbrücke bei Stillhorn noch ca. 2,5 Kilometer weiterfahren bis zur Eibe am Neuländer Deich (siehe Seite 30).

Google-Koordinaten:
Uhlenbuschbrack 1: 53.491289, 9.992307
Uhlenbuschbrack 2: 53.490354, 9.991974
Callabrack: 53.483488, 10.008621
Papenbrack: 53.487384, 10.009879

Seltene Pflanzen auf dem Grund des Holstein-Meeres

Hamburg-Hummelsbüttel

❸ Orchideen kennen die meisten Menschen nur als exotischen Zimmerschmuck aus dem Blumenladen. Dass es auch bei uns heimische Orchideen gibt, ist wenigen bekannt, und die wenigsten haben schon welche in der Natur gefunden.

Auf der Wiese im Inneren der Sievertschen Tongrube in Hummelsbüttel, direkt am viel befahrenen Ring 3, werden Freunde der Orchidaceae fündig. Und wie! Dutzende von magentafarbenen Blütenkerzen schmücken im Mai die Freifläche, die vom Botanischen Verein zu Hamburg in mühevoller Arbeit offen gehalten wird, um dieses Habitat seltener Pflanzen zu bewahren. Kenner sehen genau hin und kommen ins Grübeln: Ist es nun das breitblättrige oder das gefleckte Knabenkraut? Die Unterschiede sind minimal, aber das Bestimmungsbuch schafft Klarheit: Beide Arten sind in der ehemaligen Tongrube mittlerweile heimisch. Sie wurden von anonym operierenden Orchideenfreunden in einem Akt von Guerilla Gardening hier angesiedelt. Ob die Tat glücken würde, war nicht von Anfang an sicher, denn Orchideensamen brauchen zum Keimen nicht nur feuchten Boden, sondern auch einen Bodenpilz, mit dem sie eine Nährstoffgemeinschaft (Mykorrhiza) bilden. Doch das Wagnis scheint dauerhaft gelungen zu sein, und die streng geschützten Knabenkräuter können vom Weg aus bewundert werden.

Hummelsbüttel, erst seit 1937 ein Stadtteil von Hamburg, liegt im Alstertal im Norden der Stadt. Großsiedlungen aus den 1960er Jahren prägen das Bild. Die Hummelsbütteler Feldmark mit den geschützten Mooren lässt erahnen, dass Hummelsbüttel bis vor gar nicht langer Zeit ein Bauerndorf war. Eigentlich liegt es aber auf dem

Das Breitblättrige Knabenkraut fühlt sich im Freiland am wohlsten.

Meeresgrund. Sein toniger Untergrund ist wie so vieles in Norddeutschland ein Resultat der Wechsel zwischen Eis- und Warmzeiten und besteht aus Ablagerungen des so genannten Holstein-Meeres. Dieses Meer entstand nach dem Schmelzen der Eismassen der vorvorletzten Eiszeit, der Elster-Eiszeit, vor über 300 000 Jahren. In der folgenden Holstein-Warmzeit war Norddeutschland 15 000 Jahre lang von einem nährstoffreichen Meer bedeckt. Riesige Mengen an Sedimenten wurden abgelagert – bei Hagenow in Mecklenburg wurden bei Bohrungen bis zu 100 Meter dicke Schichten nachgewiesen. Die Gletscher der folgenden zwei Eiszeiten (Saale- und Weichsel-Eiszeit) zogen über die Sedimente der Holstein-Warmzeit hinweg und hinterließen ihr Geschiebe und Geröll; zwischendrin kamen die Schmelzwassersedimente der letzten (Eem-)Warmzeit. Die Ablagerungen der Holstein-Warmzeit wurden also fast überall von jüngeren Erdschichten überdeckt. Nicht so in Hummelsbüttel. Hier stauchte das Gewicht der Gletscher den tiefer liegenden Ton mit so viel Macht, dass der Untergrund gefaltet und nach oben gedrückt wurde. Ein Glücksfall für die Menschen der Neuzeit: Schon seit dem 17. Jahrhundert grub man in Hummelsbüttel nach Ton und machte daraus Ziegel für die Dörfer und das stets bauhungrige Hamburg.

In der Sievertschen Dampfziegelei wurde ab 1898 Ton abgebaut und vor Ort gebrannt. Dabei stieß man irgendwann auch auf den für Geologen so bedeutsamen Aufschluss, der sehr gut erhaltene Sedimentschichten der Holstein-Warmzeit enthält und wichtige Informationen über Klimaveränderungen liefert. Als die Ziegelei in den 1950er Jahren schloss, wurde die Tongrube zu einem Teich umgestaltet und das Gelände sich selbst überlassen. 1986 erklärte die Stadt Hamburg das rund zehn Hektar große Gelände zum Naturdenkmal.

In den letzten 60 Jahren hat sich auf den kalkhaltigen, mageren Böden eine sehr artenreiche Tier- und Pflanzenwelt angesiedelt. Neben den Orchideen wachsen hier seltene Kleinseggen und Raritäten wie die Schwarzwerdende Weide. Die Tongrube beherbergt auch Hamburgs größtes Vorkommen der »Blume des Jahres 2015« mit

Die geflutete ehemalige Tongrube ist ein wertvolles Biotop für Tiere und Pflanzen.

dem suggestiven Namen Teufelsabbiss. Zahlreiche Vögel, darunter Habicht und Eisvogel, brüten hier. Rehe äsen auf den Grasflächen, und im Sommer sausen das elegante Große Granatauge und mit Glück auch die Große Königslibelle über die Wasserflächen. Wer dieses geologisch-botanische Kleinod im Norden Hamburg besser kennenlernen möchte, sollte an einer der kundigen Führungen des Botanischen Vereins teilnehmen.

Praktische Informationen:
Zugang zum Gelände entweder über die Straße Am Eekbalken oder vom Poppenbütteler Weg (Ring 3)/Am Hehsel aus. Wasserdichtes Schuhwerk ist empfehlenswert. Bitte die Naturschutzhinweise respektieren: Hunde anleinen, auf den Wegen bleiben, nichts mitnehmen. HVV: Vom Bahnhof Poppenbüttel mit dem Bus 24 (Richtung Niendorf) bis zur Haltestelle Am Hehsel.

Google-Koordinaten: 53.643833, 10.056597

Besuch bei einer alten Dame

Hamburg-Neuland

4 Wie alt sie genau ist, weiß niemand. Und da sie von innen hohl ist, ist das bei Bäumen übliche Jahresringezählen bei dieser alten Dame keine Option. Wikipedia spricht von 800 bis 1000, das Baumregister nur von 300 Jahren. Selbst renommierte Hamburger Baumkenner wie Helmut Schreier und Harald Vieth begnügen sich mit einem vorsichtigen »sehr alt«. Doch vermutlich ist die Eibe am Neuländer Elbdeich älter als die ersten Deiche, die hier, im Binnendelta des großen Flusses, ab dem späten Mittelalter gebaut wurden, um Land und Wasser dauerhaft voneinander zu scheiden. Und auch wenn die Hamburger Baumpfleger der Eibe ein Stahlkorsett verpasst haben, steht sie noch immer vital im Saft und bringt es auf zehn Meter Höhe und einen Stammumfang von 3 Metern.

Ebenso ungeklärt wie ihr Alter ist die Frage, wer den Baum gepflanzt oder ihn zumindest vor Abholzung und Rückschnitt beschützt hat, denn die Eibe brauchte viele Jahrhunderte ungestörten Wachstums, um ihren mächtigen Stamm zu entwickeln. Fest steht: Hamburg-Neuland entstand im 13. Jahrhundert, als Herzog Otto II. von Braunschweig und Lüneburg (»der Gestrenge«; der Sohn von Otto I., Gründer des Klosters Scharnebeck, s. S. 106) das fruchtbare Schwemmland östlich von Harburg eindeichen ließ. Um die beschwerliche Erstbesiedlung zu versüßen, lockte er im Jahr 1296 Siedler mit dem Versprechen an, ihnen nach einem Jahr die volle Freiheit und ein eigenes Stück Land zu geben. 27 Parzellen stellte er zur Verfügung, von denen eine von den Siedlern als »Aller Leute Land« gemeinschaftlich verwaltet wurde. Diese Regelung aus dem späten Mittelalter existiert bis heute. Jedes Jahr zu Mariä Lichtmess (2. Februar) treffen sich die 26 Mitglieder der »Communions-Interessenschaft zu Neuland«, um zu Ehren ihre Herzogs zu essen und zu trinken und das Rechnungsbuch einzusehen.

Auch ohne schützende Friedhofsmauern hat die Neuländer Eibe Jahrhunderte überlebt.

Stahlringe schützen den Baum seit Jahrzehnten vor dem Auseinanderbrechen.

Einem späteren Otto, nämlich Otto III., Herzog von Braunschweig-Lüneburg-Harburg (1572–1641), retteten die Bauern von Neuland der Sage nach den Kopf. Um das Jahr 1628 herum hatte sich der Herzog in ein nichtadliges Mädchen in Wilhelmsburg verliebt. Seine standesbewussten Verwandten waren davon nicht begeistert und wollten ihn mit Gewalt holen. Der Herzog musste fliehen. Die Neuländer brachten ihn bei Nacht und Nebel mit dem Boot über die Elbe in Sicherheit. Zum Dank schenkte der Herzog seinen Rettern einen Haufen Silberschmuck, darunter einen silbernen Vogel, der bis heute – nach Aussage der Neuländer – die Königskette der Harburger Schützengilde von 1528 ziert. Die Harburger Gildebrüder weisen diese Behauptung jedoch als »völlig abwegig« zurück. Ihrer Aussage nach entstand der Vogel viel früher, nämlich im Auftrag von Claus Behr dem Älteren, Harburger Schützenkönig des Jahres 1597.

Die Eibe (botanisch: Taxus baccata) ist ein dunkles, immergrünes Gewächs, das auf vielen Friedhöfen zu finden ist. Nicht nur als

Ohne das Korsett könnte der hohle Stamm die vitale Krone nicht tragen.

Gattung ist die Eibe sehr alt, auch die einzelnen Exemplare sind langlebig und verfügen über eine bemerkenswerte Regenerationsfähigkeit: Alte, hohle Bäume senken Luftwurzeln herab und treiben neu wieder aus. Daher galt sie vielen alten Kulturen als Ewigkeitssymbol und Brückenschlägerin zwischen Leben und Tod. In Ovids »Metamorphosen« säumen Eiben den Weg in die Unterwelt. Keltische Druiden benutzen Zauberstäbe aus Eibenholz. Eibenzweige, so glaubte man, wehrten Hexen und böse Zauber ab: »Vor den Eiben die Zauber nicht bleiben«, reimte der Volksmund. Und mehr: Das Eibengift, das in allen Pflanzenteilen außer im süßen Fleisch der roten Fruchtkörper (Arillen) steckt, kann Vieh und Menschen töten. An warmen Tagen dünsten Eiben psychoaktive Alkaloide aus, die Kopfschmerzen, aber auch Halluzinationen auslösen können. Deshalb gilt der Schlaf unter Eiben als potenziell gefährlich, der antike griechische Arzt Dioskurides warnte ausdrücklich davor. Seit den 1990er Jahren bringt das medizinisch aufbereitete Eibengift Taxol auch Segen: Man verwendet es erfolgreich in der Therapie bei Eierstock-, Brust- und Lungenkrebs.

Von jeher war das harte, elastische Eibenholz begehrt zur Waffenherstellung. In Lehringen bei Verden wurde eine 150 000 Jahre alte Lanze aus Eibenholz gefunden: Ein Neandertaler tötete damit einen Waldelefanten. Im Mittelalter gab die Eibe (englisch: yew) den berühmten englischen Bogenschützen ihren Namen: den Yeomen. So begehrt waren die Bögen, dass gegen 1500 fast alle Eiben Englands abgeholzt waren und die englische Regierung 1492 eine Eibensteuer verhängte: Für jedes Fass Wein, das vom europäischen Festland importiert wurde, mussten auch noch vier Stangen Eibenholz als Zoll mitgeliefert werden.

Um die geringen Bestände zu schützen, wurde die Eibe in den 1930er Jahren in ganz Deutschland unter Naturschutz gestellt. So kam es, dass auch die Hamburger Eibe als Naturdenkmal ausgewiesen wurde. Sie ist der einzige Baum auf Hamburger Boden, dem diese Ehre zuteilwurde. Möge sie noch lange wachsen!

Praktische Informationen:
Der Baum steht auf Privatgrund im Vorgarten des Hauses Neuländer Elbdeich 198, nicht weit von der Haltestelle Alte Schule (Bus 149).
Google-Koordinaten: 53.470430, 10.026366

Timmermoor

Wir müssen leider draußen bleiben!

Hamburg-Bergstedt

5 Hier haben wir ein Naturdenkmal, das uns daran erinnert, warum wir diese besonderen Orte unter Schutz stellen: nicht primär, damit sich die Menschen daran erfreuen können, sondern damit der Lebensraum von Tieren und Pflanzen erhalten bleibt.

In Bergstedt im Norden von Hamburg liegt das Timmermoor, das 1986 unter Schutz gestellt wurde.

Mit vier Hektar Fläche ist es ungefähr so groß wie der Alte Elbpark unterhalb des Bismarckdenkmals. Doch es ist nicht von bequemen Spazierwegen durchzogen, sondern wird von seinen Betreuern, den

Die Sumpf-Schwertlilie bevorzugt Wassertiefen um die 20 Zentimeter.

ehrenamtlichen Mitarbeitern vom NABU-Arbeitskreis Walddörfer, mit Absicht unzugänglich gehalten.

So klein der Moorsee auch ist – über seine Entstehung gibt es unterschiedliche Meinungen. Eine schon recht verwitterte Tafel an der Hamradskoppel, aufgestellt in den 1980er Jahren, bezeichnet das Timmermoor noch als »seltenes, durch Wirbelstürme der letzten Eiszeit vor rund 20 000 Jahren entstandenes Ausblasungsloch«. Wie gut, dass wir diese Winde nicht miterleben mussten! Inzwischen nimmt man aber eher an, dass nicht der Wind, sondern das Eis der letzten (Weichsel-)Kaltzeit für die Entstehung des Moores verantwortlich war. Als sich die Gletscher allmählich zurückzogen, blieb – ähnlich wie beim Grundlosen Kolk in Mölln, (s. S. 88) – ein großer Eisblock als »Toteis« liegen. Sein Gewicht verdichtete den Untergrund. Als das Eis auftaute, bildete sich ein so genanntes Söll: ein kreisrundes Gewässer ohne Zu- oder Abfluss. In der norddeutschen Moränenlandschaft gab es früher Tausende dieser Sölle, viele von ihnen sind aber im Lauf der Zeit verlandet oder von den Menschen eingeebnet worden.

Heute ist der See in der Mitte des Timmermoors von einem dichten Ring von Weiden, Erlen und anderen feuchtigkeitsliebenden Sträuchern umgeben, die den Blick auf die Wasserfläche versperren. Rund um diesen Ring bis zu den Straßen erstreckt sich ein sumpfiges, von Erlen und Birken dominiertes Moorgehölz. Im Mai blühen hier Sumpfschwertlilie und Mieren.

Da es keinen Bach gibt, der frisches Wasser in den See einbringt, schwankt der Wasserstand des Sees im Timmermoor je nach Jahreszeit. Im Sommer trocknen einige flache Randgebiete aus, im Herbst und Winter steigt der Pegel wieder an. Eine weitere Besonderheit ist, dass in ein Söll wegen des fehlenden Zuflusses früher auch sehr wenige Nährstoffe eingebracht wurden. Im Lauf der Zeit entwickelte sich im See und an seinen feuchten Uferstreifen eine an diese besonderen Bedingungen angepasste Tier- und Pflanzenwelt. Viele Libellen sowie Amphibien wie der Wasserfrosch, der Grasfrosch, die Erd- und

Bitte nicht weiter: Wer hier eindringt, riskiert nasse Füße.

Knoblauchkröte und der seltene Moorfrosch finden hier gute Bedingungen. Sie sind wiederum Futter für zahlreiche Vogelarten.

Dieses Biotop zu schützen und zu erhalten, war einer der Beweggründe für die Erklärung des Timmermoors zum Naturdenkmal. So klein das Gewässer auch sein mag – es hat eine wichtige Trittsteinfunktion für die Tiere in der Feldmark, verbindet die nahe gelegenen Naturschutzgebiete Hainesch-Iland im Westen und Heidkoppelmoor im Osten.

Doch der Druck, der vom Menschen auf das sensible Gebiet ausgeht, ist groß. Aus den benachbarten Feldern sickert düngerhaltiges Wasser ein. Hundebesitzer scheren sich nicht um die Leinenpflicht, lassen ihre Hunde im Unterholz stöbern oder betreten das Gelände auch selbst, wobei Pflanzen zerstört und Tiere aufgeschreckt werden. Immer wieder müssen Baumhäuser und Müll entfernt werden, gelegentlich kommt es zu Bränden durch Lagerfeuer oder Zigarettenkippen. Auch über vermeintlich harmlose Gartenabfälle wird Stickstoff eingebracht, was die Ausbreitung verdrängungsstarker Pflanzen wie Giersch oder Springkraut fördert. Offiziell darf das Timmermoor nur noch von besonders befugten Personen, wie z. B. Mitarbeitern des NABU Hamburg, betreten werden. Die Naturfreunde sammeln den Müll ein und führen notwendige Pflegemaßnahmen durch. Beim so genannten Entkusseln, dem Entfernen von jungen Baumschösslingen, greift man auch gern auf die Hilfe der Kinder von der nahe gelegenen Grundschule Buckhorn zurück. Die Lütten genießen das Buddeln im Freien und lernen dabei schon früh, welche Pflanzen und Tiere in ihrer Umgebung zuhause sind. Und dass es manchmal gut ist, wenn der Mensch bestimmte Orte einfach mal – auch wenn es schwerfällt – in Ruhe lässt.

Praktische Informationen:
Das Timmermoor liegt an der Ecke Hamradskoppel und Timmermoor. Es ist von beiden Wegen aus auf etwa 10 Meter einsehbar. Mit dem Auto von Westen von der Bergstedter Chaussee bis zum Ende des Immenhorstweges (Schranke), von dort etwa 300 Meter zu Fuß. Von der U-Bahn Buckhorn (U1) im Westen ca. einen Kilometer Fußweg über Im Regestall, Volksdorfer Damm und Timmermoor. Bitte respektieren Sie den Schutzstatus und betreten Sie das Gelände nicht. Hunde bitte anleinen.

Google-Koordinaten: 53.663232, 10.140887

»Die Not und Elend ist allgemein ...«

Hamburg-Harburg

6 Ganz still liegt es da, ein grünes Wasserauge am Deich, von Weiden, seltenen Obstbäumen und alten Kastanien umstanden. Es ist schwer vorstellbar, dass dieser kleine See das Relikt einer Katastrophe ist.

Francop liegt im Hamburger Bezirk Harburg, doch historisch gesehen bildet es den äußersten westlichen Zipfel des Alten Landes. Das größte zusammenhängende Obstbaugebiet Europas zieht sich von hier bis nach Stade über rund 40 Kilometer südlich der Elbe entlang. Es ist Marschland, flach, feucht und fruchtbar; Land, das dem Fluss und den Gezeiten über Jahrhunderte in mühevoller Arbeit abgerungen wurde. Deiche, Schleusen und Entwässerungsgräben prägen das Bild dieser Kulturlandschaft genauso wie die Millionen Obstbäume, deren Blüte

Das Gutsbrack in der Kurve der Hohenwischer Straße – vom Deich aus gesehen.

im Frühjahr Tausende von Ausflüglern anlockt. Holländische Kolonisten errichteten im 12. Jahrhundert die ersten Eindeichungen bei Stade und arbeiteten sich immer weiter nach Osten vor. Francop gehört zur dritten und letzten »Meile« des Alten Landes, die von der Este bis zur Süderelbe reicht.

Die Landgewinnung der Altländer wurde immer wieder von verheerenden Sturmfluten zunichtegemacht. Wenn Wind und Gezeiten ungünstig standen, wurde das Wasser mit ungeheurer Macht die Elbe hinaufgedrückt. Die Geschichte der Elbdörfer auf beiden Seiten des großen Flusses wird von diesen Katastrophen bestimmt. Die besonders starken Sturmfluten wurden nach den Heiligen benannt, an deren Namenstag sie sich ereigneten.

Das Francoper Gutsbrack entstand bei der Petriflut am 22. Februar 1651. Damals wurde die gesamte Dritte Meile des Alten Landes überflutet. Wesentlich verheerender wirkte sich aber die Markusflut vom 7. Oktober 1756 aus, als der Deich hier zum zweiten Mal brach und die einstürzenden Fluten einen tiefen Kolk auswuschen. Das direkt angrenzende Gut Francop 2 wurde damals vom Oberdeichgrafen von Düring und seiner Familie bewohnt. Sein Schadensbericht ist erschütternd.

»Von mein Wohnhoff zu Francop anzufangen, so ist onferne davon ein Brack eingegangen, welches sich durch den heftigen Einsturz des Wassers und da keine Ebbe erfolgt, dergestalt erweiterte, daß es bis vor meinen Wohnhoff reichte (...). Der Strom stürzte so heftig auf mein Wohnhaus, daß nur allein in wenigen Minuten das Wasser eindrang, so dass ich, als um meine unentbehrlichsten Schriften aus meiner Schreibstube zu retten ich beflissen, bis unter die Arme im Wasser zu stehen kam und also wenig retten konnte, zumal der brettern Fußboden auftrieb und mir vor die Brust stieß., da zugleich mein Schreibschrank mit Schriften und darinnen habendes Geld umhertrieb und hinaus ins Wasser fiel, worauf ich mich auf die oberste Etage im Haus retirierte. Das Wasser wuchs immer höher, daß es jetzt 19 Fuß hoch im Haus stand, welches mir umso mehr alterirte, als bei allen andern

Blick auf das Brack von der Gutshofseite aus, einst Teil des von Düringschen Gartens.

erlebten verschidenen Überschwemmungen das Wasser niemalen im Hause gehabt. Der ungemein lang anhaltende Zusturz durch das breite Brack hat die Höchte des Wassers und den geschwinden Zuschuß veranlaßt. Wegen des am Hause anstoßenden vehementen Stroms, welcher mit einer aufgezogenen Mühlen-Schütt zu vergleichen, war der Umsturz des Hauses aller Augenblick zu vermuten, und in solcher Lebensgefahr mußte ich nebst den Meinigen bis den 8. dieses gegen Mittag aushalten, da ich dann endlich ein Schif erhielte, womit ich nebst meiner Frau und Kinder unser Leben erretteten und uns vors erste nach Horneburg retirierten. Da mir mein Wohnhaus, auch der Platz und Gärtens ruiniret, so muß ev. suchen an einem Ort ein Wohnhaus zu mieten. (...)«

Von Düring hatte Glück im Unglück, besaß seine Familie doch noch andere Ländereien im Alten Land. Für die weniger wohlhabenden Menschen in der Elbmarsch bedeutete eine Sturmflut damals die Vernichtung ihrer Lebensgrundlage. »Mein eingeerndtes Korn ist theils weggetrieben, theils verdorben, so dass kein Brotkorn im Hause vorrätig, welcher elende Zustande auch allen Einwohnern in Francop

Gedenk-Ort Flutbrack: Die Stahlskulptur des Moorburger Künstlers Winni Schaak wurde zum 40. Jahrestag der Flut von 1962 aufgestellt.

und Neuenfelde betrifft. Meine Pächters sind auch ruiniret (...). Acht Gebäude sind ganz weggetrieben und viele stark beschädigt, und 10 Bracken in Francop, worunter die neugelegte Francoper Schleuse ausgetrieben. Das Rindvieh, auch Pferde, sind mehrentheils ertrunken, die Not und Elend ist allgemein, und da kein Korn im Lande, auch kein Vieh zum Einschlachten vorhanden, also nichts weiter zum Unterhalt noch etwas zu Gelde zu machen vorhanden ist, so wird die künftige Deicharbeit mühsam vonstatten gehen.«

Das Brack beim Düring'schen Gut blieb als dauerhafte Erinnerung an jene schrecklichen Stunden erhalten und entwickelte sich nach der Markusflut zu einer Art Orakel. Die Anwohner bemerkten ein merkwürdiges Phänomen: Stand eine Sturmflut an, so verfärbte sich das Wasser des Gutsbracks. Es wurde lehmig-gelb. Auch andere Wetterlagen soll das Wasser angezeigt haben, und das Brack wurde daher das Propheten- oder Wetterbrack genannt. Als man nach der letzten großen Sturmflut 1962 den Deich weiter befestigte, wurde auch das Brack gesichert. Die alten Pappeln, die das Gutsbrack damals umstanden, mussten den Baggern weichen, viele Tonnen Sand wurden zur

Stabilisierung des weichen Untergrundes in den tiefen See gekippt. Vermutlich haben sie die Grundwasserquellen auf dem Grunde des Bracks verschüttet. Zumindest bleibt das Wasser des Gutsbracks seit dieser Zeit klar, und man muss sich bei Sturmfluten auf die Prognosen des Deutschen Seewetterdienstes verlassen.

Es lohnt sich, die Bäume entlang des Deiches an der Hohenwischer Straße westlich des Gutsbracks genauer zu betrachten. Hier finden sich neben diversen Kirsch- und Apfelbäumen auch Walnussbäume, eine Elsbeere und vor dem Haus mit der Nummer 151 eine besondere Seltenheit: zwei Speierlinge (Sorbus domestica). Der Wildobstbaum ist mit der Vogelbeere verwandt und trägt im Herbst kleine, bräunliche Früchte mit hohem Gerbstoffgehalt.

Wenige hundert Meter südlich des Gutsbracks liegt Hamburgs jüngstes Brack. Es entstand in der Nacht vom 16. auf den 17. Februar 1962 bei einer Naturkatastrophe, die vielen Menschen der Region noch in persönlicher Erinnerung ist. Zu lange hatten die Hamburger die Pflege ihrer Deiche vernachlässigt. In dieser Nacht brachen sie allein zwischen Cranz und Harburg an 80 Stellen. Zwölf Meter tief wuschen die Fluten den Boden hier aus; zwei Häuser wurden komplett weggerissen, ein weiteres so schwer zerstört, dass es abgerissen werden musste. Das neue Brack fasste rund 27 000 Kubikmeter Wasser. Die Francoper nannten es Flutbrack und errichteten an seinem Ufer ein Denkmal zur Erinnerung an diese schreckliche Nacht und die vielen Toten, die die Flut forderte.

Praktische Informationen:
Das Gutsbrack liegt direkt an der Hohenwischer Straße, wo sie nach Süden abbiegt. Der HVV-Bus Nr. 257 von Jork bzw. Neugraben hält auf der Höhe Hohenwischer Straße 101 und auch Hohenwischer Straße 123, von dort jeweils ca. drei Minuten Fußweg. Das Flutbrack liegt ca. 600 Meter weiter südlich an der Ecke Hohenwischer Straße/Francoper Hinterdeich, direkt an der Haltestelle Hohenwisch-Kehre. Von dort auch HVV-Bus 157 nach Harburg.

Google-Koordinaten: 53.508817, 9.874288

Garten der Alma de l'Aigle

Rettung in letzter Sekunde:

Hamburg-Eppendorf

❼ · Das nördliche Eppendorf hat seinen dörflichen Charakter schon lange verloren. Zwischen den luxussanierten Mietshäusern aus der Gründerzeit brausen Tag und Nacht die SUVs der wohlhabenden Städter. Schwer vorstellbar, dass die Gegend zwischen Lokstedter Weg und Tarpenbekstraße noch vor 120 Jahren überwiegend landwirtschaftlich geprägt war.

1888 halbiert der Hamburger Jurist Dr. Friedrich Alexander de l'Aigle, Nachkomme von französischen Revolutionsflüchtlingen, seine Stundenzahl im Hamburger Staatsdienst und kauft vom Bauern Sottorf »drei preußische Morgen Land« (rund 8000 Quadratmeter) nördlich des heutigen Lokstedter Weges. De l'Aigle baut zur Straße hin ein bescheidenes Haus und bepflanzt den Vorgarten mit Rosen. Den hinteren Teil des Gartens verwandelt er in einen produktiven Nutzgarten, aus dem die de l'Aigles den Großteil ihres Bedarfs an Obst und Gemüse decken müssen. Eine glückliche Verbindung von ökonomischer Notwendigkeit und gärtnerischer Leidenschaft!

Seine Tochter Alma, geboren 1889, wächst mit ihren beiden jüngeren Schwestern in einem Paradies auf – allerdings in einem arbeitsintensiven. Jeder Apfel, jede Erbsenschote wird für den Unterhalt der Familie gebraucht oder auf dem Markt verkauft, nichts darf verschwendet werden. Doch der Garten mit seinen Lauben und Verstecken ist auch ein großartiger Spielplatz und eine Schule des Sehens.

Unter der kundigen Anleitung ihres Vaters lernt die sensible, kunstinteressierte Alma den Pflanzenreichtum dieses bürgerlichen Selbstversorgergartens kennen und lieben. Die ganze Fülle der Gewächse, den Duft der Rosen und die Süße der alten Obstsorten beschreibt sie als erwachsene Frau in ihren Erinnerungen »Ein Garten«, 1948 bei Claasen erschienen. Es ist nicht ihr einziges Buch.

Als Schulmädchen rettete Alma de l'Aigle eine große Menge Narzissenzwiebeln vom Komposthaufen des Gärtners Hopp an der Osterfeldstraße.

A. de l'Aigle: »Die Rosen gehören zu meinen allerfrühesten Kindheitserinnerungen ...«

Alma wird Sonderschullehrerin – zum Kunststudium fehlt das Geld. Sie geht jeden Tag zu Fuß zum Lehrerinnenseminar am Holzdamm, um das Fahrgeld zu sparen, und ruiniert sich dabei ihre Gesundheit. Sie besucht kunstgewerbliche Kurse, interessiert sich für Psychologie, begrüßt begeistert die neue Weimarer Republik, die erstmals auch Frauen das Stimmrecht gewährt. Sie wird Jungsozialistin und setzt reformpädagogische Ideen in ihrer Arbeit um. Da es keine guten Geschichten für kleine Kinder gibt, schreibt sie sie selbst.

Von den Nazis wegen ihrer Freundschaft zu dem Widerstandskämpfer Theodor Haubach scharf beobachtet, verbringt Alma die letzten Kriegsjahre als Bibliothekarin am pädagogischen Seminar. Abends schreibt sie. Kritisch begleitet sie die Nachkriegszeit, protestiert gegen die Wiederbewaffnung und ist 1953 Gründungsmitglied des Deutschen Kinderschutzbundes. In den letzten Jahren ihres Lebens entstehen neben dem Gartenbuch auch eine größere pädagogische Schrift »Elternfibel« und ihr Herzensbuch »Begegnungen mit Rosen« (neu aufgelegt 1996). Alma de l'Aigle, Gärtnerin und Pädagogin aus Leidenschaft, stirbt 1959 in Hamburg, unverheiratet und kinderlos.

Tafeln entlang der Rosenbeete erzählen die Geschichte des Ortes.

Nach dem Tod der letzten Schwester 1988 beginnt der Garten zu verwildern. Der Erbe verkauft an einen Investor; der Garten soll mit lukrativen Wohnhäusern bebaut werden. Buchstäblich im letzten Augenblick werden, dank einer Lesung aus Almas Gartenbuch, einige Frauen aus der Gesellschaft für Gartenkultur auf das gefährdete Juwel aufmerksam. Mit Hilfe der Bürgerschaftsabgeordneten Anke Kuhbier schaffen sie es, dass der Senat den Garten 1991 als Naturdenkmal ausweist. Ein Kompromiss wird ausgehandelt: Zumindest der nördliche Zipfel des Gartens (nur ein Viertel der ursprünglichen Fläche) bleibt unbebaut und wird in das Gelände der benachbarten Stiftung Anscharhöhe integriert. Einige Rosen können noch umgesiedelt, einige wenige Obstbäume erhalten werden. »Mein Garten« erscheint 1996 in einer schönen Neuausgabe im Verlag Dölling und Galitz und führt den Hamburgern vor Augen, welchen gärtnerischen Schatz sie da verloren haben.

Heute wird der Restgarten von der Stiftung Denkmalpflege betreut. Mehrere Tafeln erzählen die Geschichte der Familie und des Gartens, Bänke laden zum Pausemachen ein. Es gibt wieder Bienen.

Alma de l'Aigles Vater Friedrich hätte an dieser geschützten Stelle statt des Geiß-
blatts vermutlich Wein gepflanzt.

Im Frühjahr blühen die Narzissen, im Sommer die Rosen, darunter
auch die 1955 vom Rosenzuchtbetrieb Kordes herausgebrachte, später nach ihr benannte zartrosa Moschusrose »Andenken an Alma de
l'Aigle«. Und im September kann man mit etwas Glück im Gras ein
paar Äpfel von Almas letzten Bäumen aufklauben: ein letzter Rest der
einstigen Fülle.

Praktische Informationen:

Der Garten liegt etwas versteckt im nordwestlichen Teil des Geländes der Anscharhöhe, in der Nähe des Mutter-Lange-Hauses (Behindertenhilfe). Er ist jederzeit zugänglich, entweder über den Haupteingang der Anscharhöhe, Tarpenbekstraße 107, 20251 Hamburg (Schnellbus 34, Haltestelle Lokstedter Weg)
oder von Süden über einen schmalen Fußweg zwischen den Häusern Lokstedter
Weg 100a und 102 (Bus 22, Haltestelle Frickestraße).

Google-Koordinaten: 53.599412, 9.979847

Kiebitzmoor

Unser Jüngstes

Hamburg-Wandsbek

8 Das Kiebitzmoor ist das Küken unter den Hamburger Naturdenkmalen. Erst im Februar 2016 enthüllte der Wandsbeker Bezirksamtsleiter in Anwesenheit von Anwohnern und Umweltvertretern das grün-weiße Schild mit dem schwarzen Adler. Hamburg hatte sein elftes Naturdenkmal.

Vorausgegangen war eine lange Planungs- und Bedenkzeit von Politik und Behörden. Der NABU-Arbeitskreis Walddörfer hatte schon 2004 einen entsprechenden Antrag gestellt, der aber von der Umweltbehörde abgelehnt wurde. Ein Protestschreiben und persönliche Gespräche in der Behörde führten dann doch noch zum Ziel. Wie so oft, brauchte es die Beharrlichkeit einzelner Menschen, um derartige Prozesse durchzusetzen.

Was ist Wasser, was ist Land? Je nach Niederschlag sind die Übergangszonen im Kiebitzmoor in ständiger Veränderung.

Nur an wenigen Stellen gibt die Ufervegetation einen Blick auf den Moorsee frei.

1,7 Hektar ist es groß, das Kiebitzmoor. Ähnlich wie das Timmer-moor (s. S. 35) in Bergstedt entstand es nach dem Abschmelzen eines Toteisblockes aus der letzten Eiszeit. Seine Schutzwürdigkeit begrün-det sich darin, dass Moore wie dieses zu den »selten gewordenen cha-rakteristischen Biotoptypen Norddeutschlands« gehören. Zu viele Flächen dieser Art sind in den letzten Jahrhunderten trockengelegt und in Acker- oder Bauland verwandelt worden. Auch in der Nähe des Kiebitzmoors sind in den letzten Jahrzehnten große Wohnsied-lungen entstanden.

Herzstück des Kiebitzmoors ist der kleine, allmählich verlandende Moorsee, der von einem dichten Kranz aus Erlen, Weiden und Röh-richt umgeben ist. Sie wollten immer schon einmal wissen, was ein Röhricht eigentlich ist? Es ist eine Sammelbezeichnung für das Pflan-zenbiotop am Ufer eines stehenden Gewässers. Typische Röhricht-pflanzen sind das Schilfrohr, der Rohr- und Igelkolben, das Rohr-glanzgras und die elegante Schwertlilie. Das Röhricht hat zahllose wichtige Funktionen innerhalb der Ökologie eines Gewässers; unter anderem als Kläranlage, Nist- und Rückzugsort für Wasservögel und Laichplatz für Fische und Amphibien.

Dem namensgebenden Kiebitz ist es in Volksdorf inzwischen zu trocken geworden, er bevorzugt offene feuchte Marschwiesen. Dafür leben im Kiebitzmoor aber bedrohte Amphibien wie Molche, Teich- und Grünfrosch. Wasservögel nutzen den See als Rastplatz oder auch zur Brut. Der Fischreiher findet seine Beute.

Auf einer Tafel unter dem Naturdenkmalschild bittet das Bezirks- amt Wandsbek um die Mithilfe der Bevölkerung: Auf den Wegen zu bleiben und die Hunde anzuleinen, sind einfache Maßnahmen, um das sensible Ökosystem des Zwergmoors zu schützen.

Wer mit dem Fahrrad unterwegs ist, hat beim Kiebitzmoor die Qual der Wahl. Nach Norden führen gut ausgebaute Wege zwischen den Koppeln entlang dem Flüsschen Moorbek, das in der Nähe des Kiebitzmoors entspringt, bis zum Demeter-Gut Wulfsdorf mit dem Haus der Natur und von dort weiter zum Bredenbeker Teich und dem Schüberg (s. S. 170 und 184). Östlich der Bundesstraße lockt ein ganzes Trio bedeutender, miteinander verbundener Naturschutz- gebiete: das Stellmoorer und das Ahrensburger Tunneltal sowie der Höltigbaum. Bis hierher reichten die Gletscher der letzten Eiszeit, und ihr Schmelzwasser formte Drumlins, Oser und Tunneltäler. Vor 15 000 Jahren zogen hier Rentierherden durch die Tundra. Bei Aus- grabungen auf dem Gebiet von Gut Stellmoor und im Ahrensburger Tunneltal fanden die Archäologen Überreste von jungsteinzeitlichen Jagdlagern, unter anderem Rengeweihe und bearbeitete Feuersteine. Der so beschilderte Gletscher-Wanderweg führt durch diese faszinie- rende Landschaft. Und mit etwas Glück kann man hier nun endlich auch den Kiebitz sehen: Er brütet in diesem Gebiet.

Praktische Informationen:
Auf der Straße Tonradsmoor von Norden kommend, nimmt man den Feldweg, der links in den Wald Meienthun führt. Das Kiebitzmoor liegt nach ca. 250 Meter rechts des Weges. 22359 Hamburg. HVV: Zur U-Bahn-Station Buchenkamp sind es etwa 1,5 Kilometer.

Google-Koordinaten: 53.646498, 10.195909

Schwarzkiefer

Von Feldgrenzen und Scheidevögten

Albersdorf (Kreis Dithmarschen)

9 Etwas verloren steht sie da, auf dem Wall am Feldweg zwischen dem Silagelager vom Milchviehhof und dem Albersdorfer Mühlenteich. Dabei war diese Schirmkiefer noch vor hundert Jahren, als Landwirtschaft noch Handarbeit war, ein hochwillkommener Baum. Unter ihrer dichten Krone waren die Landarbeiter in der Pause vor Regen und brennender Sonne geschützt.

Heute relaxen die Bauern im klimatisierten Cockpit ihrer High-Tech-Traktoren, und alte Pausenbäume wie die Albersdorfer Schirmkiefer werden immer seltener. Wie gut, dass dieser Baum schon 1960 unter Schutz gestellt wurde. Rund 200 Jahre müsste er alt sein. Die in Norddeutschland heimische Kiefer (oder auch Föhre, botanisch pinus silvestris) ist den meisten nur als forstwirtschaftlich getrimmter »Spargelbaum« bekannt. Lässt man ihr aber genug Platz und Sonnenlicht, entwickelt der Baum eine schöne schirmförmige Krone – daher der Name. Bitte nicht verwechseln mit der »echten« Schirmkiefer: So bezeichnet man die im Mittelmeerraum beheimatete Pinie (pinus pinea).

Vor vielen Jahren, als es noch kein GPS gab, entbrannte ein Grenzstreit zwischen Albersdorf und dem benachbarten Röst. Ein Mann aus Albersdorf wollte die Sache mit einem Trick für sein Dorf entscheiden. Er füllte seine Schuhe mit Sand aus Albersdorf und lief darin bis kurz vor Röst. Dort schwor er, dass er auf Albersdorfer Grund stehe. Dieser Meineid ist dem Mann aber nicht gut bekommen: Nach seinem Tode war er dazu verdammt, als Wiedergänger in Form einer nächtlichen Flamme auf der rechtmäßigen Dorfgrenze umherzuwandern. Das Licht leuchtete weit übers Moor, und die Leute riefen: »Da

Eine, die überlebt hat: Als die Landwirtschaft auf Motorkraft umstellte, wurden die meisten alten Pausenbäume gefällt.

Schwarzkiefer · Albersdorf (Kreis Dithmarschen) · 53

Die historische Wassermühle.

geit de Scheelvagt!« (der scheele, d.h. der falsche Vogt). An der Stelle, wo er den Sand einfüllte, musste jeder, der nachts dort hindurchging und kein reines Herz hatte, eine ziemliche Strecke lang den Teufel wie eine zentnerschwere Last auf seinem Rücken fortschleppen. Erst mit der Trockenlegung des Moores fand der Wiedergänger endlich Ruhe.

In der Nähe der Schirmkiefer, am Südende des renaturierten Mühlenteiches, steht Dithmarschens einzige noch funktionsfähige Wassermühle, seit 1750 im Besitz der Familie Boljen und jedes Jahr am Mühlentag (Pfingstmontag) rumpelnd im Einsatz. Noch ältere Denkmale menschlicher Besiedlung finden sich im und um den Luftkurort Albersdorf verteilt und können über gut beschilderte Wanderwege oder mit dem Auto erreicht werden: Der Brutkamp, ein jungsteinzeitliches Großsteingrab in der Nähe des Bahnhofs, besitzt den größten Deckstein Schleswig-Holsteins (23 Tonnen schwer und 8 Meter lang). Im Süden des Dorfes lohnt der 1997 eingerichtete Steinzeitpark einen längeren Besuch. Hier gibt es neun Grabhügel, Großsteingräber und Riesenbetten sowie ein rekonstruiertes Steinzeitdorf, begleitet von für diese Epoche ausgebildeten »Steinzeitbetreuern«, zu entdecken.

Praktische Informationen:

Vom Ortskern Albersdorf der L316 (Friedrichstraße) in Richtung Nordhastedt folgen, am Bahnübergang rechts in die Straße Zur Wassermühle. Die Schirmkiefer steht am Ende der Straße links am Feldrand. Vom Bahnhof Albersdorf (ca. 2 Kilometer) gibt es Verbindungen nach Heide und Neumünster.

Google-Koordinaten: 54.153309, 9.277220

Bökelnburg

Weg mit dem Tyrannen

Burg (Kreis Dithmarschen)

10 Die Dithmarscher sind stolz darauf, dass sie lange Zeit ein Land von freien Bauern waren, die sowohl die Forke als auch die Lanze zu führen wussten. Wie wehrhaft sie waren, beweist der Sieg der Dithmarscher gegen die Schwarze Garde des Herzogs von Holstein bei Hemmingstedt im Februar 1500. Rund 2000 feindliche Soldaten fanden den Tod in den kalten Fluten der Marsch oder starben durch einen wohlgezielten Hieb von Schwert oder Hellebarde.

Um die Bökelnburg in Burg rankt sich eine weitere Legende von Dithmarscher Bauern, die sich gegen eine aggressive Obrigkeit zur Wehr setzen.

Die Größe der Ringburg erschließt sich am besten aus der Vogelperspektive.

Die Bökelnburg (= von Buchen umstandene Burg), ein etwa 6 Meter hoher Erdwall von 100 Metern Durchmesser, wurde um das Jahr 800 als Schutz- und Fluchtburg errichtet – keine seltene Maßnahme in einer Zeit, als Überfälle von Wikingern, Slawen und anderen Gruppen jederzeit zu befürchten waren. Kamen Feinde, zogen sich Menschen und Vieh hinter die hohen Wälle zurück.

Im 12. Jahrhundert war Graf Rudolf von Stade, ein kriegserfahrener Mann, Herr von Dithmarschen. Er soll ein strenger und grausamer Landesherr gewesen sein und hielt, wie der Dithmarscher Sagensammler Karl Müllenhoff im 19. Jahrhundert schrieb, »die Dithmarschen alle in so schwerer Dienstbarkeit, daß die Bauern zum Zeichen derselben am Halse einen Klawen (Joch) tragen mußten, mit dem sonst das Vieh im Stalle angebunden steht«.

Eine solche Demütigung konnten die Dithmarscher nicht lange ertragen. Als ein besonders harter Winter zur Hungersnot in Dithmarschen führte, konnten die Bauern den Grafen überreden, ihnen den Kornzins für ein Jahr zu erlassen – unter der Bedingung, im kommenden Jahr doppelt so viel Korn zu zahlen.

Ein gütiger Landesherr hätte seinen Bauern einen solchen Zins erlassen, doch im folgenden Jahr trieb Rudolf, von seiner ehrgeizigen Frau Walburga angestachelt, die Bauern tatsächlich mit Gewalt und Drohungen an, ihre Abgaben zu entrichten. Zum Martinstag sollten sie ihren Korntribut auf die Burg bringen. Doch in den Säcken, die an diesem Tag im Jahr 1144 auf Ochsenkarren in den Burghof gefahren wurden, war kein Korn, sondern es steckten wütende Bauern darin. Auf das Losungswort »Röret de Hände, snidet de Sacksbände!« warfen sie die Tarnung ab, zogen ihre langen Messer und ermordeten alle Leute in der Burg samt der Gräfin. Der Graf, der sich versteckt hatte, wurde von seiner gezähmten Elster verraten: Sie saß vor seinem Versteck und rief immer wieder seinen Namen. So wurde auch Rudolf entdeckt und getötet, die Burg geschleift, die Bauern behielten ihr Korn und Dithmarschen hatte keinen Herrn mehr. Drei Jahre später erhob der Sachsenherzog Heinrich der Löwe Anspruch auf

Heute wachsen Bäume auf dem Ringwall. In früheren Zeiten musste die Sicht natürlich frei bleiben.

Dithmarschen und führte eine Strafexpedition gegen die Aufrührer durch. Ob all dies historisch seine Richtigkeit hat, ist umstritten. Rudolf von Stade hat es gegeben, und er wurde erschlagen. Aber seine Frau hieß Elisabeth, und auch sein Tod in Burg wird erst im 15. Jahrhundert von einem Bremer Chronisten erwähnt. Ausgrabungen, die 1948 auf dem Burggelände gemacht wurden, ergaben, dass dort nie eine feste Burg gestanden hat. Rudolfs Burg stand, wenn es sie denn jemals gegeben hat, auf dem Nachbarhügel. Sein Bruder Hartwig, der Erzbischof von Bremen und damit auch Dithmarschens war, ließ hier im Andenken an den Erschlagenen eine Sühnekapelle errichten, aus der dann die heutige Burger Kirche entstand.

Seit 1818 ist das Innere der Bökelnburg ein sehr ruhiger Ort: Hier befindet sich der Friedhof der Stadt Burg. Ein Spaziergang auf der Zinne des Rundwalls unter alten Eichen erschließt die Dimensionen der Anlage. Auf der anderen Seite der Burgstraße geht es wieder steil

Friedhofskapelle und alte Gräber im Inneren der Bökelnburg.

hinauf auf den Kirchhügel mit der Petri-Kirche (Schlüssel tagsüber im Café). Auf dem Kiesplatz vor der Kirche stehen zwei Eiben, die als Naturdenkmale ausgewiesen sind. Sie ähneln allerdings aufgrund zu starken Rückschnitts eher großen Büschen als ehrwürdigen Bäumen.

Praktische Informationen:
Vom Bahnhof Burg sind es etwa 2 Kilometer bis zur Bökelnburg. Parken bei der Bökelnburghalle am Holzmarkt, von dort 2 Minuten Fußweg (Eingang von der Burgstraße).

Google-Koordinaten: 53.998080, 9.265699

Fünffingerlinde

Fatales Ende eines Tanzabends

Riesewohld (Kreis Dithmarschen)

⓫ Zwischen den Dörfern Wester- und Osterwohld, Odderade, Sarzbüttel und Trensbüttel-Röst erstreckt sich auf einem Moränenrücken
aus der vorletzten Eiszeit der Riesewohld, mit rund sieben Quadrat-
kilometern der größte Wald Dithmarschens. Der Wald war immer ein
Bauern- oder Wirtschaftswald, der von den Menschen der umliegenden Dörfer auf vielfältige Weise genutzt wurde. Seit einigen Jahrzehnten wird etwa ein Drittel des Waldes von der Stiftung Naturschutz
Schleswig-Holstein betreut.

Der feuchte, artenreiche »KultUrwald« Riesewohld bietet mit
seinem Mix aus Laub- und Nadelwald nicht nur Gelegenheit zu ausgedehnten Spaziergängen, sondern ist auch eine Art lebendes Museum. Wer sich mit offenen Augen und mit der Übersichtskarte des
Albersdorfer Museums ausgerüstet auf Wanderschaft begibt, findet

Rotbuchen prägen heute weite Teile des Riesewohlds.

im Wald zahlreiche Überreste menschlicher Nutzung seit der Jungsteinzeit. Historische Wälle, Mulden und Grenzsteine geben ebenso Zeugnis wie die Überreste von Kohlenmeilern und Sägewerken. Viele Tiere und Pflanzen gibt es im Riesewohld. Er ist Brutrevier für den Uhu, Schuppenwurz und Waldhyazinthe haben hier noch Habitate, und Mykologenherzen schlagen höher angesichts der vielen seltenen Pilzarten.

Die Auswertung von Pollenablagerungen in einzelnen Mooren des Riesewohlds belegt, dass die Linde bis vor etwa 2000 Jahren einer der dominanten Waldbäume Norddeutschlands war. Erst nach der Völkerwanderung setzte sich die heute vorherrschende Buche in Norddeutschland und auch im Riesewohld durch. Die Linde lieferte den Menschen Bast für Kleidung und Seile, ihr Laub war ein gutes Viehfutter, ihre Blüten boten eine der besten Bienenweiden. Im Riesewohld gibt es heute noch etwa 500 Winterlinden, vor allem an feuchteren Stellen, wo die Buche nasse Füße bekommt.

Die größte Linde des Waldes, und auch einer seiner eindrucksvollsten Bäume, ist die Fünffingerlinde. Sie steht, hervorragend ausgeschildert, im ansonsten von Buchen dominierten nordwestlichen Teil des Waldes. Wie die Finger einer Hand recken sich die mächtigen Äste in den Himmel. Diese Art der Verzweigung weist auf ihre frühere Nutzung als Futterbaum hin. Dazu wurden die Bäume auf niedriger Höhe abgeschlagen (»auf den Stock gesetzt«). Der junge Austrieb konnte dann leicht geerntet bzw. direkt abgeweidet werden. Leider macht diese Form der Nutzung es fast unmöglich, das Alter des Baumes genau zu bestimmen. Ein paar hundert Jahre sind es aber sicherlich.

Eine grausige Geschichte ist mit dem Baum verbunden. Vor vielen Jahren lebte ein schönes Mädchen in Odderade, das alle jungen Männer, die sich für es interessierten, hochmütig zurückstieß. Eines Abends kehrte sie nicht vom Tanz zurück. Am nächsten Tag fand man sie mit Blumen in den Händen tot im Wald liegend. Ein Wanderstudent, der zufällig vorbeikam, wurde des Mordes beschuldigt.

Außergewöhnlich geformte Bäume haben schon immer zu Geschichten inspiriert.

Er schwor bei Gott, unschuldig zu sein, hob aber in seiner Todesangst die linke Hand zum Schwur. Die aufgebrachten Verwandten des Mädchens sahen dies nicht als Beweis einer Rechts-links-Schwäche, sondern seiner Schuld an und hängten den armen Kerl an einer Linde auf. Seine letzten Worte waren: »Diese Hand hat vor Gott die Wahrheit beschworen, und zum Zeichen meiner Unschuld soll eine Hand aus meinem Grabe wachsen.« Und in der Tat: Jahre später gestand ein Mann aus der Gegend auf seinem Sterbebett, dass er damals von dem Mädchen abgewiesen worden sei und sie aus Wut getötet habe. An der Stelle, wo der unschuldige Student sein Leben ließ, wuchs in den folgenden Jahren die Fünffingerlinde empor.

Im Jahr 2010 wurden 400 junge Linden, die aus in den Kronen der bestehenden Altbäume gesammelten Samen gezogen worden waren, im Wald angepflanzt. Die Dithmarscher können also hoffen, dass die Linde im Riesewohld eine Zukunft als Waldbaum hat. Schöne Mädchen gibt es in Odderade auch heute noch. Und fahrende Studenten können versichert sein, dass die Gerichtsbarkeit der Dithmarscher inzwischen gesitteter abläuft.

Praktische Informationen:
Beschilderter Parkplatz an der Straße Landweg zwischen Osterwohld und Hollenborn/Röst, von dort ca. 5 Minuten Fußweg zum Infohaus (Übersichtskarte) und ca. 400 Meter zur Fünffingerlinde. Das Infohaus hat sonntagnachmittags geöffnet.

Google-Koordinaten: 54.150812, 9.224685

Harkestein

Der Zorn der weißen Göttin

Riesewohld (Kreis Dithmarschen)

⑫ Auch um das zweite beeindruckende Naturdenkmal im Riesewohld, den Harkestein, ranken sich Sagen von Lust, Tod und großem Schrecken.

Ein Hirte aus Tensbüttel, so wird erzählt, lief einmal auf der Suche nach einer verlorenen Kuh tief in den Riesewohld hinein. Dort begegnete ihm die Göttin Harke. Sie war so schön, dass der Hirte vor Verlangen fast den Verstand verlor. Die schöne Frau fand den Hirten auch attraktiv, doch warnte sie ihn, dass er eine Nacht mit ihr mit dem Tode bezahlen müsse. Sie würde ihn aber rechtmäßig bestatten und ihm ein Grabmal setzen, das keine menschliche Hand entfernen könne. Der Hirte willigte ein, wollte aber vorher noch Abschied von seinem Freund nehmen. So kehrte er mit der Kuh glückstrahlend zurück ins Dorf und erzählte die Geschichte seinem Kameraden, der aber schon fast schlief und nur mit einem Ohr zuhörte. Im Morgengrauen ging der Hirte zurück in den Wald. Das war das letzte Mal, dass er lebend gesehen wurde. Als die Kühe am Abend allein ins Dorf zurückkehrten, erinnerte sich der Freund an die seltsame Geschichte, die er im Halbschlaf gehört hatte. Man fand den Stab des Hirten und eine Blutlache neben einem riesigen Stein, der wie eine Grabplatte im Waldesboden lag.

Dieser Stein wird seitdem Harkestein genannt. In einer anderen Variante der Geschichte schenkte die Göttin dem Hirten nach der Liebesnacht das Leben, ließ ihn aber schwören, niemandem von seinem Erlebnis zu erzählen. Als er sich dann doch vor den Freunden brüstete, wurde er von dem großen Stein erschlagen. Nur seine Schuhe sind von ihm übrig geblieben. Der Stein galt seitdem als unheimlich, und es hieß, wer Hand an ihn lege, werde vom Blitz erschlagen.

Der Harkestein gibt oberirdisch nur einen kleinen Teil seiner Größe preis.

Den Harkestein zu heben, sollte man sich tatsächlich sehr gut überlegen. Er gilt als der größte Findling Dithmarschens. Wie viele Tonnen er wiegt, ist schwer zu sagen, denn er ist tief in der Erde vergraben. Doch allein die aus dem Waldboden ragende flache Oberseite misst mindestens 8 Quadratmeter. Frau Harke (die in anderen Gegenden Deutschlands auch Frau Holle oder Perchta genannt wird) hatte damit kein Problem: Die für Tod und Erntesegen zuständige germanische Göttin besitzt der Überlieferung zufolge Riesenkräfte.

Tatsächlich soll sich zu Beginn des zwanzigsten Jahrhunderts, als für den Bau der Straße nach Albersdorf viele Steine gebraucht wurden, ein Steinhauer aus Hastedt am Harkestein vergangen haben. Johann Hebbel hieß der Mann, der über die alten Sagen um Frau Harke lachte. Im Wirtshaus von Röst trank er sich mit ein paar Grog Mut an und ging dann mit seinem Werkzeug in den Wald. Doch kaum hatte er die ersten Kerben in den Stein geschlagen, kam Sturm auf, und ein gewaltiger Blitz, gefolgt von noch gewaltigerem Donner, schlug

»Narben« des gescheiterten Sprengungsversuchs.

direkt neben ihm ein. Da verging dem forschen Johann der Mut, und er rannte den ganzen Weg bis nach Röst aus dem Riesewohld heraus.

Seitdem liegt der Harkestein ungestört im südlichen Teil des Riesewohlds und bewahrt seine Geheimnisse. Ungestört auch deshalb, weil er relativ schwierig zu finden ist. Blaue Wegmarken an den Bäumen führen schließlich aber doch zum Stein, der in einer kleinen Senke in der Nähe einer Sickerquelle liegt. Die Kerben des missglückten Spaltungsversuches sind noch heute gut zu erkennen.

Einige hundert Meter weiter nördlich gibt es profanere Steine zu bewundern: Hier steht ein rund 200 Jahre altes Siel (Bachunterführung), das die Bauern aus Feldsteinen gebaut haben (Taschenlampe!).

Praktische Informationen:
Der Stein liegt im südlichen Teil des Riesewohlds, etwa 500 Meter nördlich der Straße von Röst nach Sarzbüttel (Wanderweg Tour B, blaue Markierungen). Wegen des feuchten Untergrundes ist wasserdichtes Schuhwerk empfehlenswert.
Google-Koordinaten: 54.127257, 9.223037

Vogelstangenberg

Wo die weiße Elster brütet

Süderheistedt (Kreis Dithmarschen)

⓭ Der Dorfplatz von Süderheistedt ist eigentlich ein kleiner Wald, so viele schöne (und als Naturdenkmal geschützte) Eichen stehen hier. Das Gras, das in ihrem lichten Schatten wächst, ist nicht geschützt – es ist sorgfältig gemäht und grün und saftig. Ein Dorfanger, wie er im Buche steht.

In der Mitte des Platzes erhebt sich eine ungewöhnliche Konstruktion. Vier starke, gründlich gestrichene Balken stützen einen senkrechten Mittelbalken. Wie ein riesiges Stativ sieht es aus, etwa zehn Meter hoch, gekrönt von einer silbern glänzenden Wetterfahne mit einem kecken Vogel.

Sorgfältig ins Holz geschlagene Buchstaben geben Auskunft über den Zweck dieses Bauwerks: »Papagoyengilde von 1621« steht da, gefolgt von der Liste der Gildekönige von 1992 bis 2007. Wir stehen vor der letzten noch erhaltenen Vogelstange Dithmarschens. Eigentlich ist dies ein Wehrertüchtigungsinstrument, wie alle Schützenplätze. Hier übten sich die Männer des Dorfes im Schießen. Mancherorts schoss man auf Scheiben, anderswo auf Ringe, und in Süderheistedt und auch an anderen Orten Dithmarschens wurde einmal im Jahr ein hölzerner Vogel an der Spitze der Stange aufgehängt und nach bestimmten Regeln heruntergeschossen. Ursprünglich hatten die Schützengilden und -vereine einen durchaus militärischen Hintergrund: Sie dienten dem Erhalt der Wehrfähigkeit. Heutzutage steht bei den meisten Schützentreffen nicht mehr das Schießen selbst, sondern das Drumherum mit Umzug, Karussell und Festzelt im Mittelpunkt.

In Süderheistedt wird immer noch – alle drei Jahre – der Gildekönig ausgeschossen. Von Freitagabend bis Montagmorgen ist dann das ganze Dorf in Feierstimmung. Seit einigen Jahren findet das Schießen aus Sicherheitsgründen nicht mehr auf dem Dorfplatz, sondern etwas

Vor der Vogelstange wird alle drei Jahre der König der Papagoyengilde proklamiert.

weiter außerhalb statt, doch trifft sich die Gilde zum Appell weiterhin an der Vogelstange. Und in der Nacht auf den Montag tanzt die gesamte Gilde den Mondscheinwalzer auf dem hell erleuchteten Vogelstangenplatz.

Obwohl man dies erwarten sollte, prangt im Wappen von Süderheistedt weder eine Eiche noch ein »Papagoy«, sondern eine Linde. Einst stand ein mächtiges Exemplar in Süderheistedt. In den Sagen von Ludwig Bechstein heißt es: »Die ward der Wunderbaum geheißen im ganzen Marschlande. Ihre Höhe übertraf die aller andern Bäume ringsumher, ihre Zweige standen alle kreuzweis, ihresgleichen war nirgends zu finden. Jahr auf Jahr ergrünte sie frisch, trotz ihres hohen Alters, und die Rede ging, solange des Landes Freiheit blühe und grüne, werde auch der Wunderbaum also fortbestehen. Und so geschah es. Als der Dithmarschen Freiheit gebrochen ward, verdorrte die Wunderlinde. Aber noch geht die Sage: auf der dürren Linde wird eine Elster ihr Nest bauen und wird darinnen ausbrüten fünf weiße

Junge. Das wird das Zeichen sein von der Freiheit Wiederkehr, und dann wird die Linde wieder ausschlagen und grünen.«

Tatsächlich soll die Linde von Süderheistedt wenige Jahre nach der letzten Fehde 1599, als die Dithmarscher nach einem letzten verlorenen Gefecht bei Süderheistedt ihre Unabhängigkeit verloren, verdorrt sein. Vierhundert Jahre später, am 13. Februar 1999, pflanzten die Süderheistedter eine neue Linde in der Feldmark nahe dem damaligen Schlachtfeld. Es gab Reden in historischen Kostümen, der Chor sang, die Böllergruppe feuerte einen Schuss aus ihrer Kanone ab. Der neue Dithmarscher Wunderbaum ist noch lange nicht ausgewachsen, aber wer weiß: Vielleicht brütet irgendwann einmal eine weiße Elster in seiner Krone. Die Bewohner von Süderheistedt schauen regelmäßig nach.

Praktische Informationen:
Die Vogelstange steht auf dem Dorfplatz, Ecke Heider Straße/Vogelstangenberg. Der neue Wunderbaum mit Blick auf die Broklandsau steht an der Straße Teichweg, von der Heider Straße kommend etwa einen Kilometer nach Westen auf der rechten Seite (Bank, Hinweisschild).

Google-Koordinaten der Vogelstange: 54.233684, 9.147233

Karlsstein

Hunde als Wecker man hier nimmt

Schwiedersdorf (Landkreis Harburg)

14 Wenn man zum Karlsstein (oder Karlstein) wandert, wird einem schnell klar, dass die Harburger Berge ihren Namen nicht zum Spaß tragen. Bis zu 155 Meter erheben sich hier Moränen, Überbleibsel der Saale-Eiszeit, über dem Meeresspiegel, und ihre Buckel und steilen Hänge verlangen den Wanderern einiges ab. Selbst Besucher aus dem Süden Deutschlands sprechen den Erhebungen zwischen Harburg und Buxtehude »Mittelgebirgsqualität« zu – das hört man gern so weit nördlich des Harzes! Von mittelgebirgischer Solidität ist auch die Beschilderung der zahlreichen Wanderwege, die das beliebte Naherholungsgebiet der Hamburger durchziehen.

Den Karlsstein zeichnen besonders markante »Falten« aus.

Vor rund 130 000 Jahren ließen die schmelzenden Gletscher einen riesigen Stein aus Südschweden hier zurück. Heute liegt er auf der Kuppe eines Hügels etwas nördlich der Kreisstraße 52, die den Forst Rosengarten von Ost nach West durchschneidet. Rund 2 Meter hoch ist er, 2,2 Meter breit und 1,50 Meter dick. Seine Oberseite trägt einige tiefe Kerben, und von Süden betrachtet kann man das zerknitterte Gesicht von Meister Yoda darin erkennen. Doch nicht der Yedi-Ritter, sondern ein anderer Kämpfer gab dem Stein seinen Namen: Der Legende nach soll Kaiser Karl der Große hier einmal von den anstrengenden Kämpfen gegen die heidnischen Sachsen ausgeruht haben. So müde war er, dass er seinen Gefährten bei Todesstrafe verbot, ihn zu wecken. Da näherte sich unerwartet ein Trupp Sachsen, und Karl war in Gefahr. Ein beherzter Knappe warf kurzerhand den kaiserlichen Hund auf den Schlafenden. Der Kaiser erwachte unsanft, schlug pflichtschuldig seinen Hund tot und danach eine tiefe Kerbe in den Stein, wobei er rief: »So wie ich diesen Stein schlage, so werde ich auch die Sachsen schlagen!« Dann sprang er aufs kaiserliche Pferd, um gegen die Feinde zu reiten. In seiner Eile nahm er den Stein im Sprung. Die Abdrücke der Pferdehufe sind heute noch deutlich zu sehen.

Ob der Frankenkaiser tatsächlich hier in den Harburger Bergen gekämpft hat, ist fraglich; verbrieft ist, dass er in den Jahren nach 800 mehrere Feldzüge im nördlichen Elberaum unternahm, die aber nicht unbedingt immer kriegerisch waren. Der Feldzug im Jahre 804, währenddessen Karls Heer im rund zehn Kilometer südwestlich gelegenen Hollenstedt lag (s. S. 81, Karlsburg, Hollenstedt), hatte eher repräsentativ-diplomatischen Charakter.

Schon lange vor Karl dem Großen hat der imposante Findling die Menschen angezogen. Irgendwann hinterließen sie die hufeisenförmigen Vertiefungen im Stein. Deren Alter und Bedeutung sind nicht geklärt. Bei Ausgrabungen in den 1950er Jahren fanden die Archäologen in der Nähe des Steins ein Feuersteinbeil und zwei klingenförmige Feuersteinabschläge aus der Jungsteinzeit. Die Funde werden

Abdruck des kaiserlichen Pferdehufes? Die Sage will es so ...

als Beleg dafür gedeutet, dass der Stein in prähistorischer Zeit ein Opferplatz war. Sie werden heute im Helms-Museum in Harburg aufbewahrt.

Die Harburger Berge mit ihrem anspruchsvollen Relief und dem abwechslungsreichen Baumbestand sind ein ideales Revier für eine ausgedehnte Tageswanderung. 4 Kilometer nördlich des Karlssteins steht die »Großmoddereiche«; im umliegenden Findlingsgarten liegen einige kleinere Verwandte des sagenhaften Steins. Von dort führt der Weg, wenn man möchte, weiter zum Wildpark Schwarze Berge mit den berühmten zahmen Hängebauchschweinen oder zum Freilichtmuseum Am Kiekeberg, einem Ensemble historischer Gebäude aus dem Landkreis Harburg.

Praktische Informationen:
Parken bei der (geschlossenen) Karlsteinschenke, Rosengartenstraße 100, 21629 Neu Wulmstorf, der Weg zum Stein (ca. 400 Meter) ist von dort ausgeschildert. Alternativ Parkplatz ca. 400 Meter weiter westlich.

Google-Koordinaten: 53.407607, 9.826616

Botanische Stars
auf dem Junkernfeld

Seevetal (Landkreis Harburg)

⓯ **Maschen?** Wenn Sie vor 1980 geboren sind, denken Sie bei diesem Ortsnamen vermutlich zunächst an den Hit der Countryband Truck Stop »Der wilde wilde Westen«. Tatsächlich waren die Jungs von Truck Stop geborene Maschener und nahmen ihre Goldenen Schallplatten von 1977 bis 1992 im Studio ihres Freundes Joe Menke in Maschen auf. Doch der kleine Ort in der Gemeinde Seevetal hat neben seinen musikalischen Berühmtheiten und der exzellenten Autobahnanbindung noch zwei weitere Attraktionen von internationaler Bedeutung zu bieten. Zum einen den größten Rangierbahnhof Europas (eröffnet am 7. Juli 1977): Auf seinen 112 Gleisen werden an Spitzentagen bis zu 4000 Güterwaggons mit Waren aus aller Welt bewegt. Wer auf dem einsamen Bahnsteig des bunt ausgemalten Regionalbahnhofes Maschen aus dem Zug von Hamburg oder Lüneburg steigt, kann das Kreischen der eisernen Räder auf den Rangiergleisen hören – Tag und Nacht.

Doch die eigentliche Attraktion Maschens liegt gleich auf der anderen, nördlichen Seite des Bahnhofes. Dort eilt das Heideflüsschen Seeve durch die weite Wiesen- und Marschlandschaft des Naturschutzgebietes Untere Seeveniederung ihrer Mündung in der rund vier Kilometer entfernten Süderelbe entgegen. Hoher Grundwasserstand und häufige Überschwemmungen (zumindest bis zum Bau des Seevesiels im Jahr 1965) schufen eine feuchte, nur extensiv nutzbare Wiesenlandschaft. Hier leben zahlreiche Pflanzen, die gern nasse Füße haben und die anderswo wegen Trockenlegungsmaßnahmen selten geworden sind. Und eine davon hat das Gelände international berühmt gemacht!

Die botanischen Stars an der Seeve tragen den wohlklingenden lateinischen Namen Fritillaria meleagris. Als der große Carl von Linné diese einst in ganz Europa beheimateten Liliengewächse im Jahre 1753 klassifizierte, dachte er bei der Taufe an den römischen Würfelbecher (fritillus), der in antiken Zeiten von außen mit einem Schachbrettmuster verziert war; mit »meleagris« spielte er auf das gefleckte Gefieder der Perlhühner an. Und auch der deutsche Name Schachbrettblume macht klar: Diese Pflanze hat ein ganz ungewöhnliches Äußeres!

Die Schachbrettblumen haben ihren großen Auftritt von Ende April bis Anfang Mai. Tausende von violett-weiß gescheckten, glockenförmigen Blüten von der Größe einer kleinen Pflaume nicken dann im Wind, der hier in der Elbmarsch eigentlich fast immer weht. Besonders im nordöstlichen Teil des Naturschutzgebietes, dem so genannten Junkernfeld, sind die roten und auch die selteneren weißen Blüten zu finden und können von einem eisernen Steg aus bequem

In den Elbmarschen kann der Blick in die Ferne schweifen.

betrachtet werden. Wie viele es sind? Das weiß niemand so genau. Die Schachbrettblumen sind kapriziöse Schönheiten und blühen nicht in jedem Jahr gleich üppig. Doch es gilt als gesichert, dass die Bestände an der Seeve die größten in Mitteleuropa sind. Damit das auch so bleibt, hat das Land Niedersachsen einen strengen Schutzplan aufgestellt, an den sich die ansässigen Bauern halten müssen. Überweidung und zu frühe Mahd hatten die Bestände in den 1990er Jahren an den Rand des Aussterbens gebracht. Nun blühen sie auf 130 Hektar um die Wette und erfreuen jedes Jahr Tausende von Besuchern.

Woher kommen sie nur alle, die schönen Blumen? Die Spielsucht ist schuld! Einst lebte in der Nähe ein Junker, der nichts als Schach im Kopf hatte. Tag und Nacht saß er mit seinem besten Freund am Schachtisch, vernachlässigte Haus und Hof und selbst das Edelfräulein, das seine Eltern ihm zur Braut gegeben hatten. Es begab sich, dass die verschmähte Braut in einer Vollmondnacht am Seeufer eine Elfenkönigin traf und ihr ihr Leid klagte. »Soll er doch ewig bei seinem Schach sitzen bleiben! Ich will ihn nicht mehr sehen«, rief sie zornig. Und ach: Die Elfe verwandelte den Junker in eine rote Schachblume und setzte sie auf ihrem Tanzplatz aus. Das Fräulein bereute bald seine harten Worte und wünschte sich den Mann zurück, doch das war unmöglich. Stattdessen verwandelte die Elfe nun auch noch das Fräulein in eine Fritillaria, allerdings eine weiße (wegen ihres weißen Kleides) und setzte sie neben den Junker aufs Feld. Da stehen sie nun heute noch, inzwischen mit vielen Nachkommen, und haben dem Junkernfeld seinen Namen und seine Attraktion beschert. Die ganze Geschichte, op Platt vertellt vun Margarete Hagen ut Hörsten, findet man auf der Website des NABU Winsen (Luhe).

Nicht nur die Blüten der Schachbrettblumen sind außergewöhnlich – auch ihr Inneres ist es: Die Genforscher der Royal Botanic Gardens in Kew, London, haben festgestellt, dass die Schachbrettblume enorm große Mengen DNA besitzt. Ihr Genom ist mit 30 Metern rund 15-mal länger als das Genom einer menschlichen Zelle! Was die Blumen mit so einer riesigen DNA anfangen, bleibt allerdings ihr

Vieldeutige Schönheiten: Der Artname »meleagris« erinnert auch an den antiken Helden Meleagros, dessen Schwestern nach seinem Tod von der Göttin Artemis in Perlhühner verwandelt wurden.

Schachbrettblumen · Seevetal (Landkreis Harburg) · 75

Geheimnis. Vielleicht spielen sie ja in Gedanken knifflige Schachpartien durch? Wir wissen es nicht. Fest steht, dass ein Spaziergang um das Junkernfeld zur Blütezeit der Schachbrettblumen ein wunderbares Erlebnis ist.

Auch für Vogelfreunde ist das Naturschutzgebiet Untere Seeveniederung ein kleines Paradies: Brachvogel, Kiebitz und sogar der seltene Wachtelkönig brüten im Junkernfeld. Störche und Graureiher suchen auf den feuchten Wiesen nach Leckerbissen, und in den Weißdornbüschen am Wegesrand findet der Neuntöter ideale Lebensbedingungen. Der Steller und der Junkernfeldsee (beide entstanden in den 1970er Jahren beim Bau des Rangierbahnhofs) sind Lebensraum für zahlreiche Wasservögel, die sich von Aussichtsplattformen auch gut beobachten lassen. Mit etwas Glück lässt sich der Eisvogel sehen. Und im kalten, klaren Wasser der Seeve gedeihen gleich alle drei heimischen Neunaugenarten.

Praktische Informationen:
Nach Maschen fahren stündlich Regionalzüge von Hamburg und Lüneburg (am Wochenende alle 2 Stunden). Vom Bahnhof Maschen sind es nur 10 Minuten bis zum südlichen Ende des Naturschutzgebietes (Infotafel). Das Junkernfeld liegt etwa zwei Kilometer weiter nördlich; dem Hauptweg entlang der Seeve folgen. Von Norden (Elbseite) reist man mit dem Bus Nr. 149 von Harburg bzw. Winsen (Luhe) an (Haltestelle Wuhlenburg/Schleuse).

Google-Koordinaten: ca. 53.415931, 10.093019

Sumpfporst

Der Hopfen des Nordens

Landkreis Harburg

16 Schön ist er nicht, der Sumpfporst – Rhododendron tomentosum oder Ledum palustre. Sparrig steht er da, zu groß für eine Staude und zu klein für einen Busch. Botanisch gehört er zu den Heidekrautgewächsen, ist verwandt mit der Azalee und der Alpenrose. Seine schmalen dunkelgrünen Blätter sind ledrig und auch ein bisschen klebrig; wenn sein einziger Schmuck, die weißen Blütentrauben, Ende Juni verdorrt ist und die gezackten Samenstände offen liegen, sieht er besonders struppig aus.

Was beim Sumpfporst zählt, sind die inneren Werte: aromatische Terpene mit chemisch-exotischen Namen wie Ledol und Palustrol, Myrcen, Ericolin und Quercetin – Stoffe, die Fressfeinde abhalten, beim Menschen aber auch das zentrale Nervensystem beeinflussen. Vor allem das dem Sumpfporst eigene Ledol wird als giftig angesehen. Es führt bei Überdosierung zu Erbrechen, Schweißausbrüchen, Pulsbeschleunigung, Muskel- und Gelenkschmerzen sowie zu Krämpfen und Erregungszuständen.

Der Sumpfporst ist eine ausdauernde Pflanze der kühlen, feuchten Moore und der Tundra. An warmen, windstillen Tagen erfüllt er die Luft mit seinem aromatischen, kampferartigen Duft. Er ist bei den Völkern des Nordens, von Labrador bis Sibirien und Nordjapan, seit vielen Jahrhunderten als Haus- und Heilkraut, aber vor allem als Rauschpflanze begehrt. Seine Bedeutung im Alltag früherer Zeiten spiegelt sich auch in der langen Liste von volkstümlichen Namen, die er trägt – Wikipedia kennt ganze 45. »Bienenheide« und »Heidebienenkraut« zeigen an, dass die Pflanze den Immen gefällt. Als »Mottenkraut«, »Wanzenkraut« und »Großes Flohkraut« vertrieb der aromatische Sumpfporst unerwünschte Plagegeister aus Kammern und Betten. In Schweden legt man heute noch Zweige in die Schränke. Ebenfalls wird heute erforscht, ob seine insektizide Wirkung auch die Varroamilbe beeindruckt, die zurzeit den europäischen Bienen das Leben schwer macht. In der Homöopathie gilt Ledum als wichtiges Mittel bei Verletzungen und bei Insektenstichen. Andere Naturheilkundler verwenden es bei Hauterkrankungen und Asthma, warnen aber auch deutlich vor Überdosierung, wie sie in früheren Zeiten wohl bei den Frauen öfter vorgekommen sein mag: Als »Mutterkraut« in kleinen Mengen eingenommen, beförderte der Sumpfporst die Menstruation; in größeren Mengen jedoch wirkte er abtreibend. Eine eindrucksvolle, wenn auch gemischte Bilanz für diese heimische Pflanze!

Doch kommen wir nun zu dem Teil, auf den Sie hoffentlich schon gewartet haben: zum Sumpfporst als Rauschmittel. Seine Volksnamen Gränze, Gruitkraut, Gruiz und Gruut weisen hier den Weg zum Grut, dem Kräuterbier des Mittelalters. Mit Sumpfporst wurde, vor allem in Norddeutschland und Skandinavien, wo kein Hopfen gedieh (vom Wein ganz zu schweigen!), schon um die Zeit von Christi Geburt das Bier gewürzt. Eine wichtige Pflanze also, denn im Mittelalter war das relativ keimfreie Gebräu nicht nur Rausch-, sondern auch Überlebensmittel. Es richtete weniger Schaden an als das Wasser dieser Zeit, und die Menschen tranken täglich mehrere Liter davon. Bierbrauen war Sache der Hausfrau, und sie nahm, was gerade da war: statt Gerste auch mal Hafer oder Weizen und zum Würzen alle möglichen aromatischen Kräuter. Neben dem Sumpfporst kamen auch Gagelstrauch, Schafgarbe oder Heidekraut mit ins Braufass und sorgten für einen fruchtig-aromatischen Geschmack. In Norddeutschland waren die kräuterwürzigen Gruitbiere noch bis ins 16. Jahrhundert weit verbreitet, wurden aber dann vom Hopfenbier verdrängt. Böse Zungen behaupten, dass dabei vor allem wirtschaftliche Interessen eine Rolle gespielt haben.

Jeder, der schon mal ein norddeutsches Schützenfest besucht hat, weiß, welchen Schaden die unsachgemäße Einnahme von modernen, reinheitszertifizierten Hopfenbieren verursachen kann. Doch das ist

Zur Blütezeit im Mai und Juni duftet der Sumpfporst besonders aromatisch.

harmlos im Vergleich zu dem, was findige Wikinger gelegentlich in ihr Bier warfen: Neben dem Sumpfporst pimpten sie ihr Bier manchmal auch mit gefährlichen Kollegen wie Fliegenpilz, Schwarzes Bilsenkraut, Tollkirsche und Stechapfel – allesamt ausgewiesene Halluzinogene. Ein solches Bier konnte zu Wut, Raserei und Krämpfen führen. In der Edda und den Islandsagas werden an mehreren Stellen die »Berserker«, die Bärenhemdigen, besungen; starke, furchtlose Krieger, die im Kampf so rasend waren, dass sie weder Schmerz noch Müdigkeit empfanden. Moderne Forscher vermuten, dass diese Wikinger-Haudegen sich mit Gruppenritualen und Drogen, darunter auch besonders starkes Grutbier, in den Ausnahmezustand zu versetzen wussten. Andererseits gibt es in den altnordischen Schriften auch den mythischen Skaldenmet – ein Gebräu, das, mit Götterspucke gewürzt, jedem, der es trinken durfte, die Gabe der Dichtkunst verlieh.

Die sibirischen Tungusen nutzten den Sumpfporst für friedlichere, aber nicht weniger gefährliche Zwecke: Ihre Stammesschamanen versetzten sich mit dem Rauch des Sumpfporsts in Trance, um Kontakt mit der Geisterwelt aufzunehmen und den Teufel zu vertreiben.

»Trunk mag frommen, / wenn man ungetrübt sich den Sinn bewahrt«, heißt es in der Edda. Vielleicht steht dem Sumpfporst ja im Zuge der aktuellen »Craft-Beer«-Mode ein Comeback als Bierwürze bevor. Die jungen, experimentierfreudigen Brauer könnten damit Gutes für den Erhalt der Gattung bewirken. Durch die Zerstörung seines natürlichen Lebensraumes, der nährstoffarmen Hochmoore, ist der Sumpfporst in Süd- und Westdeutschland nämlich schon völlig ausgerottet und in Norddeutschland akut in seinem Bestand bedroht. Umso kostbarer sind die wenigen noch verbliebenen Standorte im Landkreis Harburg. Ihn in Kultur zu bringen, ist heikel, denn die Pflanzen brauchen neben saurem, kalkfreiem Boden auch einen bestimmten Wurzelpilz zum Wachsen (Endomykorrhiza). Nur wenige Spezialgärtnereien machen sich derzeit die Mühe, ihn zu vermehren. Sollte sich aber die Nachfrage nach Gruitbieren verstärken, könnten begabte Gärtner vielleicht einen Weg finden, den Sumpfporst in brauereitauglichen Mengen zu züchten. Das wäre doch für alle Beteiligten ein Gewinn. Und wer weiß, ob nicht noch ganz unentdeckte medizinische Heilwirkungen in den struppigen Zweigen schlummern!

Praktische Informationen:
Die hier abgebildeten Pflanzen stehen an einem nur unter großen Mühen zugänglichen Ort in einem sehr feuchten Restmoor weitab jeder Straße. Das ist vermutlich auch der Grund, warum es sie an diesem Standort überhaupt noch gibt. Bitte haben Sie Verständnis dafür, dass wir diesen Platz geheim halten. Im Loki-Schmidt-Garten in Hamburg-Klein Flottbek können Sie zumindest den grönländischen Sumpfporst (Ledum groenlandicum) ganz ohne nasse Füße zu bekommen besichtigen. Er steht in der Abteilung 4, Ericaceae, im 2014 neu eingerichteten botanischen »System«. Ohnhorststraße, 22609 Hamburg, direkt an der S-Bahn-Station Klein Flottbek/Botanischer Garten.

Google-Koordinaten des Botanischen Gartens: 53.563156, 9.861392

Karlsburg
Kaiserlicher Campingplatz
Hollenstedt (Landkreis Harburg)

17 Im Sommer des Jahres 804 wurde Hollenstedt zur Bühne der europäischen Geschichte. Oder zumindest desjenigen Teils, der die Geschicke Norddeutschlands betrifft. Denn der mächtigste Mann der damaligen Zeit, der Frankenkaiser Karl der Große, schlug hier sein Sommerlager auf, im flachen Geestland westlich der Harburger Berge, wo sich das Flüsschen Este in Richtung Buxtehude schlängelt.

In den Annalen des Fränkischen Reiches, dem offiziellen Geschichtsbuch des Frankenreiches von 741 bis 829, sind die zahllosen Reisen und Taten Karls des Großen gut dokumentiert. Hier heißt es: »Der Kaiser residierte nahe der Elbe an einem Ort, der Holdunsteti heißt, und nachdem er eine Gesandtschaft nach Haithabu an den streitbaren Dänenkönig Gøtrik [Gudfred] wegen der Herausgabe von Flüchtlingen abgesandt hatte, ging er Mitte September nach Köln.« In der Chronik von Moissac heißt es, er sei über die Aller in einen Ort namens Oldonastath gekommen, wo der Anführer der verbündeten Abodriten, Irosuc [Drasco], ihm Geschenke gebracht habe.

Es ist nicht ganz sicher, wo genau Karl sein Lager aufschlug, um seine diplomatischen Gespräche zu führen und seinen Anspruch auf dieses umkämpfte Gebiet zu demonstrieren. Einige Gründe sprechen dafür, dass es hier auf dieser Landzunge am westlichen Ufer der Este war. Im Jahr 1968 stieß man beim Bau von Fischteichen auf die Überreste einer mittelalterlichen Ringburg. Die Archäologen des Hamburgischen Museums für Vor- und Frühgeschichte in Harburg führten eine Notgrabung durch und versuchten zu retten, was noch zu retten war. Ihren Erkenntnissen nach wurde hier im späten 9. Jahrhundert eine Ringburg mit einem vier Meter hohen Wall aus Holz, Erdwerk und Heideplaggen errichtet, die von einem Wassergraben umgeben war. Rund 80 Meter maß sie im Durchmesser und bot in ihrem Inneren Platz für mehrere hölzerne Gebäude. Die wenigen Fundstücke (ein paar Scherben, verkohltes Getreide und ein Mühlstein) und auch die dendrochronologischen Analysen erlaubten keine eindeutigen Schlüsse auf die Erbauer der Burg. Möglicherweise war sie eine sächsische Burg – in diesem Fall wäre es denkbar, dass sie schon zu Karls Besuch hier stand und er hier in diesem Rund sein Lager aufschlug. Wenn sie aber von den slawischen Abodriten gebaut wurde (was slawische Keramikfunde nahelegen), dann entstand die Burg nach 808, als Karl die gerade erst von den Sachsen eroberte Provinz Nordalbingien (das heutige Dithmarschen und Stormarn) sowie einen Streifen Land südlich der Elbe inklusive Hollenstedt an seine slawischen Verbündeten abtrat.

2014 schwangen die Archäologen des Helms-Museums erneut die Spaten in Hollenstedt in der Hoffnung, von dieser Anlage Erkenntnisse über die Bauweise der Keimzelle der Stadt Hamburg, der Hammaburg, gewinnen zu können. Im Zuge dieser Ausgrabung wurde das Alter der Karlsburg etwas nach oben korrigiert. Vermutlich entstand die Anlage erst um 880, also lange nach Karls Sommer in Hollenstedt. Fest steht, dass die Hollenstedter Burg nur drei oder vier Jahrzehnte lang genutzt wurde. Dann wurde sie, vermutlich durch einen Überfall, zerstört und nicht wieder aufgebaut.

Heute ist die Karlsburg, die vielleicht einfach nur eine alte Burg ist, ein stiller Ort. Hohes Gras wächst auf den zum Teil rekonstruierten Wällen. Vögel singen in den Bäumen und machen Abstecher zur nahen Este. Im Zentrum der Burg liegt hinter einem Flechtzaun ein mittelalterlicher Bauerngarten mit Heil- und Küchenkräutern, der seit 2011 von den Schülern der Estetalschule gepflegt wird. Der Este-Wanderweg führt direkt an der Burganlage vorbei und bietet reizvolle Touren zum Ritterdorf Bötersheim mit seinen artesischen Quellen oder nach Moisburg mit der historischen Amtswassermühle.

Wenn es dem archäologischen Leitgedanken der Bewahrung der Vergangenheitszeugnisse nicht so entgegenstehen würde, hätte der Ring von Hollenburg bis 2005 noch eine andere, sehr zeitgenössische

Der noch erhaltene Ringwall – von Südosten gesehen.

Verwendung finden können: nämlich als Boxring. Das weite Burg-
rund eignet sich perfekt als Freiluftarena. Als Ringrichter und Con-
férencière hätte die Gemeinde ihre prominentesten Bürger in den
Ring schicken können: Max Schmeling, Schwergewichtsweltmeister
von 1932, und seine Frau, die Schauspielerin Anny Ondra, lebten von
den 1950er Jahren bis zu ihrem Tod (Ondra 1987, Schmeling 2005) in
Hollenstedt-Wenzendorf.

Praktische Informationen:
Von der BAB-Abfahrt Hollenstedt (45) gibt es zwei Möglichkeiten: Entweder
man parkt direkt südlich der Abfahrt gleich rechts auf dem Parkplatz an der Straße nach Ochtmannsbruch, überquert die Landstraße und gelangt dort auf den
Este-Wanderweg. Von dort nach rechts gehend sind es noch etwa 5 Minuten
Fußweg zur Burg. Oder man fährt von der Autobahn auf der L141 Richtung Doh-
ren etwa 500 Meter, bis links ein gut befestigter Feldweg zur Alten Burg weist.

Google-Koordinaten: 53.352847, 9.718239

Friedenslinde

Rauhe Sitten am See

Ratzeburg (Kreis Herzogtum Lauenburg)

⑱ Heinrich der Löwe, Herzog von Sachsen, erneuerte in seinem Bestreben, die Christenheit im slawisch dominierten Nordalbingien zu festigen, im Jahre 1154 den Bischofssitz Ratzeburg. Auch eine Kirche gab er in Auftrag. Hundert Silbertaler jährlich stiftete der Fürst für diesen Bau auf einer Insel im Ratzeburger See. Um 1220 wurde mit der Südvorhalle der große Backsteinbau vollendet. Zum Glück für die Kunstgeschichte war Ratzeburg ein relativ armes Bistum, das sich keine kostspieligen An- und Umbauten leisten konnte, und so ist der Ratzeburger Dom mit seinem mächtigen Vierungsturm heute eines der stilreinsten romanischen Gotteshäuser in Deutschland. Das historische Ensemble aus Dom mit Kreuzgang und Kloster, den historischen Domhofgebäuden und dem lindenbestandenen Palmberg überragt die Inselstadt Ratzeburg, die sich im Mittelalter in der Nähe des Domes entwickelte. Der Vierungsturm der Kirche ist von den umgebenden Seeufern schon von weitem zu sehen.

Das Land um Ratzeburg war bis in die Neuzeit oft Schauplatz kriegerischer Auseinandersetzungen. Sachsen, Slaven, Dänen und diverse deutsche Fürsten stritten hier mit wechselndem Geschick um die Vorherrschaft. Während Dom und Stift 1648 nach dem Westfälischen Frieden an Mecklenburg fielen, ging die Stadt an die Herzöge von Sachsen-Lauenburg.

Nach dem Tod des letzten Herzogs von Sachsen-Lauenburg 1689 wurde das Herzogtum zum Zankapfel zwischen verschiedenen Fürsten. Schließlich setzte sich Herzog Georg Wilhelm von Braunschweig-Lüneburg mit nicht ganz feinen Methoden durch und nahm das Herzogtum für das Haus Hannover (Welfen) in Besitz. 1690–1693 ließ Georg Wilhelm Ratzeburg zur Festung ausbauen, da er den Zorn des dänischen Königs Christian V. voraussah. Dieser saß

Haupteingang des Doms von Ratzeburg.

im benachbarten Holstein und durfte seine Stadt Oldesloe nicht befestigen. Christian machte mobil und ließ Ratzeburg ab dem 21. August 1693 beschießen. Die Stadt ging in Flammen auf, die Dominsel jedoch wurde verschont. Zumindest fast. An der Fassade des südlichen Querschiffes, über dem Haupteingang zum Dom, kann man im Ährenfeld-Mauerwerk noch zwei Kanonenkugeln, die Reste des berühmten »Ratzeburger Kegelspiels« erkennen. Während der Belagerung soll es damals zu einer sportlichen Wette zwischen den Kriegsparteien gekommen seien. Die Dänen hatten einen Meisterschützen in ihren Reihen, der seine Kanone auf der Schanze »bei der Vogelstange« (Ziethener Straße, wo heute die Gaststätte Zum Landhaus steht) aufgebaut hatte. Sollte er es schaffen, von dort ein Kegelspiel, also neun Kugeln im Geviert, in die Mauer des Doms zu schießen, so würden die Ratzeburger kapitulieren; schaffte er es nicht, zögen die Dänen ab. Der dänische Kanonier schickte eine eiserne Kanonenkugel nach der anderen in die Kirchenmauer – keine schlechte Leistung bei einer Entfernung von rund 1,5 Kilometern. Als schon acht »Kegel« drinsteckten und nur noch der »König« in der Mitte fehlte, griff ein verzweifelter hannöverscher Kanonier zur Lunte und schoss dem treffsicheren Dänen kurzerhand den Kopf vom Hals.

Zwei eiserne Kugeln dieses blutigen Kegelspiels sind heute noch im Giebel des Südeinganges zu sehen. Die anderen sind wohl als Souvenirs abhandengekommen. Die Belagerung der Festung Ratzeburg endete mit dem Hamburger Vergleich vom 23. September 1693. Die Dänen mussten das Herzogtum verlassen, Georg Wilhelm war Sieger. Die Ratzeburger bauten ihre zerstörte Stadt nach dem Vorbild Mannheims im barocken Stil wieder auf. Auf dem neu errichteten Marktplatz, in Sichtweite des Doms, pflanzten sie zur Erinnerung an das erlittene Unheil und den Frieden von 1693 eine Linde, die im Laufe von über 300 Jahren zu einem mächtigen Baum heranwuchs. 1935 wurde sie zum Naturdenkmal erklärt. Im Juni 2001 bekam die ehrwürdige Dame Verstärkung: Der Bürgerverein Ratzeburg pflanzte eine junge Linde auf der linken Seite der Alten Wache. Sieben Jahre später schwebte die alte Friedenslinde kurzzeitig in Lebensgefahr: Sie sollte im Zuge der Neugestaltung des Marktplatzes gefällt werden.

Ein Zeugnis der Geschichte.

Mögen die Kanonen auf ewig schweigen: Die Friedenslinde rauscht über dem Rosenbeet am Markt.

Doch die Ratzeburger Bürger protestierten so vehement, dass das Vorhaben im September 2008 nach einem Antrag der Grünen fallengelassen wurde. Und so bewachen weiterhin zwei schöne Linden den Frieden in der Inselstadt.

Praktische Informationen:
Die Friedenslinde steht vor der Alten Wache, Am Markt 9, 23909 Ratzeburg. An Wochentagen gute Busverbindung zum ca. 3 Kilometer entfernten Bahnhof Ratzeburg.

Google-Koordinaten: 53.699188, 10.773750

Wo die Gletschermühle klapperte

Wildpark Mölln (Kreis Herzogtum Lauenburg)

19 Still ist es hier, vor allem morgens und abends, wenn man den Grundlosen Kolk nur mit Nebelschwaden und seinen natürlichen Bewohnern teilen muss. Und davon gibt es viele, denn der Moorsee liegt mitten im Wildpark Mölln südlich der Möllner Innenstadt. Auf 22 Hektar leben hier seit 1968 über 30 heimische Tierarten, darunter Waschbären, Damhirsche, Wildschweine, Käuzchen und der sprechende Kolkrabe Jakob.

Durch mehrere Wildgatter führt der Pfad durch den Wald in einen runden Talkessel und immer weiter abwärts zum Grundlosen Kolk. Der ist, streng genommen, kein Naturdenkmal, sondern ein Geotop. Aber weil er so schön ist, wollen wir ihn vorstellen. Vor zehntausend

Dank der geschützten Lage ist es am Ufer des Grundlosen Kolks sehr still.

Jahren rumpelte hier einer der letzten Gletscher der Weichsel-Eiszeit vorbei. Schmelzwasser floss mit großer Wucht durch Spalten im Inneren des Gletschers und höhlte (kolkte) auf seiner Unterseite ein tiefes Loch aus. Ein Eisblock blieb später im Loch liegen, der Gletscher deckte alles mit Sand und Kies zu. Nach dem Ende der Eiszeit taute das »Toteis« allmählich auf, die Deckschicht sackte ein, und die Hohlform füllte sich mit Wasser.

Am Grundlosen Kolk, der außer dem Regenwasser keinen Wasserzufluss besitzt, lässt sich der Prozess der Verlandung besser studieren als in jedem Lehrbuch. In den noch offenen Wasserflächen blühen Teich- und Seerosen. Im Übergangsbereich von Wasser zu Land dominieren die Torfmoose und Sauergräser, die hier mächtige Horste und zum Teil auch trügerische Schwingrasen bilden – schwimmende Pflanzendecken, die schon viele unvorsichtige Moorbesucher in Gefahr gebracht haben. Sie sind mittlerweile selten geworden. Wollgras, Sumpf-Blutauge und Sonnentau komplettieren die Moorflora, und

Junger Wildparkbewohner beim ausgedehnten Seerosenfrühstück.

Ein Teichfrosch genießt die Mittagssonne direkt am Steg.

auf den trockeneren Stellen am Ufer wachsen schon erste Erlen und Birken.

In ein paar tausend Jahren könnte der See, wenn alles so weitergeht, verschwunden sein. Oder, wenn man der Sage glaubt: wieder verschwunden. Vor vielen Jahren soll es hier im Talkessel nichts als eine kleine Kirche gegeben haben. Der hiesige Pastor predigte für den Geschmack der örtlichen Bauern viel besser als der von St. Nicolai in Mölln, und so war sein Gottesdienst immer gut besucht. Das passte dem Möllner Pastor nun gar nicht. Er heuerte ein paar Schurken an und befahl ihnen, die Kirche im Wald des Nachts heimlich abzubrennen. Am nächsten Tage staunten die Menschen nicht schlecht: Die Kirche war verschwunden, und der Talkessel hatte sich mit Wasser gefüllt. Der liebe Gott hatte den Brand auf seine Weise gelöscht. Am Jahrestag des Brandes soll man nachts noch die Glocken auf dem Grunde des Grundlosen Kolks läuten hören können. Der neidische Pastor aber soll kurz nach der Katastrophe verstorben sein.

Wer will, kann vom Grundlosen Kolk noch weiterwandern. Weitere Relikte der Eiszeit sind im Findlingsgarten südwestlich des Sees zu entdecken. Vom Wildpark gelangen Sie über gute Wege auch in das landschaftlich wunderschöne Hellbachtal. Es ist Teil des Naturparks Lauenburgische Seen. Seine drei Seen, Schwarzsee, Lottsee und Krebssee, entstanden ebenfalls durch Auskolkung in der letzten Eiszeit. Gemeinsam bilden sie ein Tunneltal. Seltene Tiere und Pflanzen haben hier einen Rückzugsort gefunden. Sollte Ihnen auf dem Weg ein Mann in bunten Kleidern und mit Schellenkappe begegnen, wundern Sie sich nicht: Die Möllner warten seit vielen Jahren darauf, dass ihr berühmter Narr zurückkehrt, um ihnen erneut einen Spiegel vorzuhalten. Der Sage nach starb Till in Mölln im Jahr 1350 an der Pest. Die Eulenspiegel-Linde nördlich des Kirchturms von St. Nicolai (ja, die Kirche des neidischen Pastors!) markiert den Platz, an dem Till im Stehen begraben wurde: Ein Seil riss, und der Sarg fiel mit dem Fußende zuerst in die Grube. Der Baum soll ein Nachfahre jenes Baums sein, der aus Tills Wanderstock spross. Wer eine Münze in seine Rinde steckt und die Linde dreimal gegen den Uhrzeigersinn umschreitet, wird immer Geld in der Tasche haben. Viel Glück!

Praktische Informationen:
Parken und Eingang über den Wildpark Uhlenkolk, Waldhallenweg 11, 23879 Mölln (Naturerlebniszentrum, Café, Toiletten). Vom Bahnhof Mölln sind es etwa 20 Minuten Fußweg. Der Wildpark ist jederzeit frei zugänglich. Zum Schutz der Wildtiere müssen Hunde leider draußen bleiben.

Google-Koordinaten: 53.624470, 10.705347

Buchberg

Schwer was los am Os

Ritzerau (Kreis Herzogtum Lauenburg)

20 Jedes Jahr zu Pfingsten kann man in Ritzerau westlich von Mölln ein einzigartiges Volksfest erleben. Die kleine Gemeinde ist einer der letzten Orte im Lauenburgischen, die noch den Pfingstheesch feiern, das traditionelle Fest der örtlichen Bauernknechte, belegt bis zurück ins 17. Jahrhundert. Mit Birkengrün geschmückte Häuser, ein Tanzzelt und Bier spielen dabei eine große Rolle. In früheren Zeiten wurde so exzessiv gefeiert und »geheescht«, d.h. um einen Obolus für Bier und Essen gebettelt, dass das Fest den Obrigkeiten oft ein Dorn im Auge war. Aber alle Verbote nutzten nichts, zu beliebt war das Tanzfest vor der Kulisse der Laubhütten, die aus den Bäumen des Ritzerauer Forstes geflochten waren. Auch wenn es heute kaum noch echte Bauernsöhne gibt, wird die Tradition von den Männern des Dorfes hochgehalten. Seit 2015 darf sich der Ritzerauer Pfingstheesch offiziell Kulturveranstaltung nennen. Ein Umzug durch den mit Maigrün geschmückten Ort eröffnet das Fest am Samstagnachmittag, gefolgt von Kindertanz und Disco. Auch am Sonntagabend wird getanzt. Das Fest endet am Pfingstmontag ab sechs Uhr mit dem traditionellen »Eierschnorren«. Das anschließende große Frühstück mit Rührei und Speck hilft den Ritzerauern, allmählich wieder in die Alltag zurückzufinden.

An alldem relativ unbeteiligt bleibt der Buchberg, der sich etwa einen Kilometer westlich des Pfingstheesch-Festplatzes etwa 20 Meter über die Felder erhebt. Immerhin ist er schon ziemlich lange hier, seit der letzten Eiszeit, und hat so einige Verrücktheiten kommen und gehen sehen. Und das Naturdenkmal ist ein Schmuckstück mit einem ungewöhnlichen Namen: Die Wissenschaftler des Geologischen Dienstes Schleswig-Holstein haben den Buchberg als südlichsten und höchsten Punkt eines so genannten Perlenschnur-Os klassifiziert. Ein

Auf der Kuppe des Buchbergs stehen zum Teil eindrucksvolle Buchen.

Os ist ein oft mehrere Kilometer langer, meist um die 50 Meter hoher und etwa 15 Meter breiter Geländerücken. Oser entstanden vor allem in den Abtaubereichen der Eiszeitgletscher. Das Herzogtum Lauenburg liegt auf dem Gebiet der größten Ausdehnung der letzten Eiszeit. Über viele tausend Jahre wurde die Landschaft hier von den Kräften des Eises und des abtauenden Wassers geformt. Mitgeführter Sand und kleinere Gesteinsbrocken sammelten sich in Rinnen im oder unterhalb des Gletschers und blieben nach seinem Rückzug als »Damm« liegen. Im Unterschied zu Moränen sind Oser keine Geschiebebildungen, sondern weisen, da sie im Wasser entstanden, eine Sedimentschichtung auf. Die Geologen mit ihrer unerschöpflichen Lust an Wortbildungen haben dafür das Wort »glaziofluvial« geschaffen. Bei einem Perlenschnur-Os wie das in Ritzerau ist das Os nicht durchgehend gleich mächtig, sondern erhebt sich mal höher und mal niedriger aus dem Gelände, so dass der Eindruck einer Perlenschnur entsteht. Vermutlich hatten sich hier Eisblöcke in den Rinnen eingelagert, die dann später tauten und an dieser Stelle eine Lücke im Os-Sediment hinterließen. Denkbar ist aber auch, dass die »Perlen« durch Schwankungen der Fließgeschwindigkeit des Gletscherwassers entstanden. Wie so oft in der Geologie ist auch hier noch Platz für Vermutungen.

Man braucht schon etwas Fantasie, um im Gelände die Formen zu erkennen, die zusammen das Perlenschnur-Os von Ritzerau bilden. Doch ein Spaziergang entlang der Kuppen im Forst Ritzerau bis zum Buchberg, der heute von hohen, ungewöhnlichen Buchen bestanden ist, ist sehr angenehm. An der steilen Nordseite des Berges kann man im Gelände noch Spuren des Kiesabbaus erkennen, der hier bis in die 1970er Jahre stattfand. Wer mag, kann anschließend an der Badestelle links hinter der Dorfbäckerei in den Ritzerauer See springen.

Vom späten 13. Jahrhundert an herrschte das Geschlecht derer von Ritzerau (oder Ritzerow, wie es auch manchmal geschrieben wird) über das Dorf und einige andere in der Umgebung. Nach ihrem Aussterben 1590 wurde das Dorf von Vögten aus Lübeck verwaltet.

Vielleicht eröffnete die Abwesenheit adliger Herrschaft ja erst die Möglichkeit, dass die Bauern hier über die Stränge schlagen konnten, wenigstens einmal im Jahr. Dass die Herren von Ritzerau eine strenge Herrschaft führten und auch vor Folter nicht zurückschreckten, ist belegt. Doch auch an einem veritablen Wunder waren sie beteiligt. Dem Ritter Hartwig von Ritzerow steckte nach einem Kampf noch ein Stück Pfeil im Kopf und peinigte ihn sehr. Von einem falschen Wundarzt betrogen und vor Schmerzen verzweifelt, betete er zu Ludolf von Ratzeburg. Der war von 1236 bis 1250 Bischof von Ratzeburg gewesen, doch der landgierige Herzog Albrecht von Sachsen hatte ihn foltern und vertreiben lassen. Ludolf starb im Exil in Wismar an den Folgen dieser Behandlung. Der reuige Herzog ließ den Leichnam später in den Dom von Ratzeburg überführen. Als der Zug in Schlagsdorf vorbeikam, fingen die Glocken von selbst an zu läuten. Das war ein erstes Wunderzeichen für Ludolfs Heiligkeit. Als nun auch noch beim Ritter Hartwig der Pfeilsplitter wie von selbst aus dem Kopf herauskam, nachdem er zum Märtyrer gebetet hatte, war dies ein weiteres Wunder. Ludolf von Ratzeburg wurde schon hundert Jahre nach seinem Tod heiliggesprochen.

Das Ritzerauer Schloss ist lange abgebrannt, doch das ehemalige Hofgut existiert noch und ist seit 1999 im Besitz des Brillenunternehmers Günther Fielmann. Seit 2001 wird der Betrieb auf ökologischen Landbau umgestellt und der Prozess von einem Forschungsteam der Uni Kiel wissenschaftlich begleitet. Teile des Geländes rund um den Hofsee wurden 2004 zum Naturschutzgebiet Ritzerauer Hofsee und Duvenseebachniederung erklärt.

Praktische Informationen:
Der Buchberg liegt etwa 150 Meter links der Landstraße K72 auf halbem Wege zwischen Ritzerau und Sierksdorf. Das Perlenschnur-Os erstreckt sich von hier in einem leichten Bogen nach Norden in Richtung Forsthaus.

Google-Koordinaten: 53.658549, 10.541514

Höhen und Tiefen eines Felsenlebens

Lübeck-Travemünde

㉑ Travemünde! Baden, dann ein Eis schlecken und auf der breiten Strandpromenade flanieren, vorbei am Casino und den vornehmen Hotels und Pensionen aus der Kaiserzeit. Über das glitzernde Wasser der Lübecker Bucht ziehen die Segler und die großen Fähren nach Skandinavien und ins Baltikum vorbei. Das ist Ostsee-Bäderkultur in ihrer schönsten Form.

Doch in Travemünde an der Lübecker Bucht war es nicht immer so friedlich. Vor vielen Jahren trieb eine Horde von Riesen ihr Unwesen an der Ostseeküste. Sie trafen sich gern am Brodtener Ufer, wo sie im Steineweitwurf ihre Kräfte maßen. Im Lauf der Zeit warfen sie so viele Steine über die Trave, dass auf der anderen Seite der Priwall entstand, der seit dem 12. Jahrhundert den Hafen von Travemünde nach Norden schützt. Die Riesen machten aber auch vor den Schiffen der Menschen nicht halt, sondern fischten sie aus dem Wasser, zerbrachen die Planken und machten Spielzeug daraus. So lebten denn die Travemünder viele Jahre in Angst und Schrecken, bis die Riesen nach und nach weiterzogen oder ausstarben.

Der letzte der Riesen hieß Möwes. Er hatte nur ein Auge, das wie Feuer loderte, und war auch sonst ein schrecklicher Kerl. Die Travemünder Fischer hatten am meisten unter ihm zu leiden. Da fasste einer der Fischer den Entschluss, die Landplage zu beseitigen. Von drei alten weisen Frauen, die im Elschengrund bei Reinfeld lebten, bekam er einen Zauberspruch, der helfen sollte. Eines Nachts, als der Riese Möwes direkt am Ufer stand, schlich sich der Fischer an und rief:

»Wode weet dat Woort alleen,
Wode helpt hier, anners keen

Wode ruunt dörch Elschenmund
un dat rechte Woort ward kund:
Böse Ries up lange Been,
bliev so stahn un warr to Steen!«

»Wode« ist der plattdeutsche Name für den nordischen Gott Wotan/ Odin, dem die Sachsen in Stormarn besondere Verehrung entgegenbrachten. Der weise, einäugige Wodan wurde verehrt, aber auch gefürchtet. Wenn seine Wilde Jagd über den holsteinischen Himmel ritt, blieb man besser im Haus.

Tatsächlich wirkte der Zauberspruch der Elschen: Der wilde Möwes wurde augenblicklich zu Stein, der Travemündes Zukunft mitnichten im Wege stand. Seitdem liegt er da am Ufer und dient den Kindern als Kletterfelsen. Sein Auge, erzählt die Sage weiter, konnten die ressourcenbewussten Travemünder retten. Von der Erbauung 1539 bis zur Stilllegung im Jahre 1974 sicherte das feurige Riesenauge an

Viel ist nicht mehr zu sehen vom bösen Riesen.

der Spitze von Deutschlands ältestem Leuchtturm die Schiffe in der Travemündung.

Es hat Vorteile für die Weltliteratur, wenn ein Naturdenkmal an einem so angenehmen Ort liegt und so bequem zu erreichen ist. So können auch Intellektuelle und Künstler, die vielleicht nicht die Mühen einer beschwerlichen Naturwanderung auf sich nehmen würden, darauf aufmerksam werden. Thomas Mann wählte den Möwenstein als Kulisse für eine der heißeren Szenen seines Nobelpreis-Romans »Buddenbrooks«: Senatorentochter Tony und ihr Verehrer Morten Schwarzkopf machen an einem windigen Septembertag Rast beim Möwenstein. »Sie sahen die grünen, mit Seegras durchwachsenen Wände der Wellen an, die drohend daherkamen und an dem Steinblock zerbarsten, der sich ihnen entgegenstellte ... in diesem irren, ewigen Getöse, das betäubt, stumm macht und das Gefühl der Zeit ertötet.« Morten nutzt die stille Stunde zu einem Heiratsantrag, der mit einem scheuen Kuss besiegelt wird: »Sie antwortete nicht, sie sah ihn nicht einmal an, sie schob nur ganz leise ihren Oberkörper am Sandberg ein wenig näher zu ihm hin, und Morten küßte sie langsam und umständlich auf den Mund. Dann sahen sie nach verschiedenen Richtungen in den Sand und schämten sich über die Maßen.«

Auch der Lübecker Dichter Emanuel Geibel, der als Jean Jacques Hoffstede einen kurzen Auftritt in den »Buddenbrooks« hat, hat dem Möwenstein in den 1870er Jahren eine kleine Ballade gewidmet.

> »In blauer Nacht bei Vollmondschein
> Was rauscht und singt so süße?
> Drei Nixen sitzen am Möwenstein
> Und baden die weißen Füße.

> Es hat der blonde Fischerknab'
> Gehört das Singen und Rauschen,
> Ihm brennt das Herz, er schleicht hinab,
> Die Feien zu belauschen.

> Da sausen empor im Mondenlicht
> Drei weiße wilde Schwäne –

Das Wasser spritzt ihm ins Gesicht,
Verklungen sind die Töne.«

Geibels Fischerjunge hatte mehr Glück als der Fischer in Heinrich Heines berühmtem Lied von der Loreley am Rhein. Schwäne gibt es am Ostseestrand immer noch zuhauf, die Nixen sind selten geworden. Doch im April 2007 meldete »Travemünde aktuell« die Sichtung einer Nymphe auf einem Stein am Priwall. Die bronzene Dame, die verblüffende Ähnlichkeit mit der Miss Rheinland-Pfalz von 2001 hatte, war zu Neujahr 2004 schon am Strand von Boltenhagen aufgetaucht und hatte einen Streit um die Souvenirrechte ausgelöst. Die Nymphe verschwand nach zwei Jahren beleidigt. Auch am Priwall blieb sie nicht lang: Der Fremdenverkehrsverband war der Ansicht, Damen wie sie passten besser nach Kopenhagen.

Der Möwenstein ertrug den Rummel um die schönen Frauen nicht. Er versackte. Eine Fotografie von 1901 zeigt den rund 60 Tonnen schweren Koloss aus Bornholmer Granit noch in voller Größe. Heute sind nur noch rund zwei Fünftel von ihm zu sehen, und man befürchtet, dass er in 30 Jahren ganz versunken sein könnte. Seit 2011 bemüht sich ein Verein um die Rettung des Steines, muss aber wohl noch einige technische und finanzielle Hürden überwinden. So tief steckt der Stein im Sand, dass nur das teuerste Spezialgerät helfen kann. Ach, käme doch ein starker Riese vorbei! Er könnte seinen versteinerten Bruder Möwes vielleicht bergen.

Praktische Informationen:
Der Stein liegt fast am Ende der Strandpromenade von Travemünde, kurz vor dem Brodtener Ufer, etwas nördlich der Yachtclub-Rampe. Er hat sogar seinen eigenen Parkplatz am Ende der Kaiserallee. Zum Bahnhof Lübeck-Travemünde Strand sind es ca. 1,5 Kilometer.

Google-Koordinaten: 53.974861, 10.884047

Eichen und Linden auf dem Jerusalemsberg

Späte Reue eines Kaufmanns

Lübeck

㉒ Er hätte ein glücklicher Mann sein sollen, dieser Heinrich Constin aus Lübeck: Als reicher Kaufmann und Ratsherr gehörte der Zeitgenosse Gutenbergs zur Elite der Hansestadt auf der Höhe ihrer Macht. Doch sein Jähzorn stürzte ihn ins Unglück. In einem unbedachten Moment soll Constin, so erzählt es die Legende, seiner Frau ein so großes Herzeleid angetan haben, »dass sie seitdem nimmer genesen wollte und endlich gestorben ist«. 1468 verheiratete der Witwer seine einzige Tochter »mit einem Kaufmann aus Nowgorod« und begab sich auf Buß- und Pilgerfahrt ins Heilige Land. In Jerusalem folgte er auf der Via Dolorosa den Spuren Christi von Pilatus' Amtssitz bis zum Heiligen Grab: der Höhepunkt einer Christenwallfahrt.

Aus der Zeit gefallen: Der Jerusalemsberg ist eine mittelalterliche Insel in der modernen Vorstadt.

Sollte denn dies Erlebnis nur in Jerusalem möglich sein? Constin nahm Maß, fertigte Zeichnungen an und ließ nach seiner glücklichen Heimreise in Lübeck einen Kreuzweg nach Jerusalemer Vorbild anlegen – den ersten seiner Art in Deutschland.

Von der Hauptkirche St. Jakobi im Herzen der Stadt verlief der Lübecker Kreuzweg über 1650 Meter die Breite Straße entlang zum Kanzleigebäude und durch die Große Burgstraße, das Burgtor und über das Burgfeld (heute Gustav-Radbruch-Platz) hinaus zum Jerusalemsberg. Hier, auf einer kleinen Anhöhe, liegt die siebte und letzte Station der heiligen Prozession. Ein 3,30 Meter hohes Relief aus gotländischem Kalkstein zeigt den gekreuzigten Jesus, von Engeln umgeben, mit Maria und Johannes zu seinen Füßen. Das Wappen des Stifters ist gut sichtbar vor ihnen platziert; die eingemeißelte Inschrift rund um das Bild ist nicht mehr zu entziffern.

Heinrich Constin hat die Fertigstellung seines Kreuzweges im Jahr 1492 nicht mehr erlebt, er starb schon 1482. Doch die Sage will es

Das Kreuzigungsbild auf dem kleinen Kalvarienberg war und ist der Endpunkt der Osterprozession.

anders: »Als nun der Berg erhöht und das Bild der Kreuzigung aufgestellt ist und Herr Constin inbrünstig anbetet, siehe, da kommt ein großes Schiff die Trave aufwärts, das führt seine Tochter samt ihrem Eheherrn daher. Die legen ihm ihr Kind, seiner verstorbenen Frauen Ebenbild, in den Arm. Danach ist er sanft und selig entschlafen.« So waren denn alle Schuld und alles Leid durch Constins fromme Werke gutgemacht.

Reformation, städtische Umbauten und der Zahn der Zeit haben seitdem am Lübecker Kreuzweg genagt. Von den ursprünglich sieben Stationen sind nur noch die erste und die siebte erhalten.

1980 wurden die Eichen und Linden, die die Station umgeben, zu Naturdenkmalen erklärt. Sie sind rund 180 Jahre alt, einige der hohlen Stämme sind mit Beton gefüllt.

In den 1990er Jahren lebte die Kreuzwegprozession wieder auf und ist heute das wichtigste ökumenische Ereignis des Lübecker Kirchenjahres. Am Karfreitag um 10 Uhr machen sich Hunderte von katholischen und protestantischen Gläubigen mit ihren Bischöfen von St. Jakobi aus auf den Weg zum Jerusalemsberg. 2013 ist dem historischen Kreuzwegsbild die Granitskulptur »Ende und Anfang« des dänischen Künstlers Frede Troelsen zur Seite gestellt worden und versinnbildlicht Kontinuität und Veränderung zugleich. An Heinrich Constin erinnern heute, wenn auch in modernisierter Schreibweise, die Konstinstraße direkt am Jerusalemsberg und der Konstinkai an der Trave. Und auch literarische Weihen hat der Jerusalemsberg erhalten: In den »Buddenbrooks« vergleicht die junge Tony Buddenbrook das Aufsagen des Katechismus mit dem Gefühl, »wie wenn man im Winter auf dem kleinen Handschlitten mit den Brüdern den Jerusalemsberg hinunterfuhr«.

Praktische Informationen:
Vom Bahnhof Lübeck/ZOB fahren die Busse der Linien 3, 11, 12 bis zur Haltestelle Gustav-Radbruch-Platz (Bussteig 1 oder 2).

Google-Koordinaten: 53.880835, 10.696029

Wanderungen zu alten Steinen

Ventschau & Tosterglope (Lüchow-Dannenberg)

23 Östlich von Lüneburg beginnt der Naturpark Elbhöhen-Wend-land, eine vielgestaltige, für Norddeutschland überraschend wellige Moränenlandschaft mit alten Dörfern und viel Natur. Nach Nord-westen schließt sich das Biosphärenreservat Elbtalaue mit seiner ein-zigartigen Flusslandschaft an. Im ehemaligen »Zonengrenzgebiet« gibt es kaum Industrie – paradiesisch ruhige Zustände für Biber und Seeadler, aber auch für Radfahrer und Wanderfreunde.

Er kam vor 150 000 Jahren als Tourist der Saale-Eiszeit von Schweden hierher – und blieb: Der Große Stein von Ventschau, 3,5 x 4,2 Meter groß und 2,9 Meter hoch. Rund 100 Tonnen brächte er auf die Waage (wenn es denn eine gäbe, die so ein Gewicht aushält) und ist laut Wikipedia der größte Findling Niedersachsens. Er wur-de nach langem Schlummer 1935 vom Reichsarbeitsdienst auf einem

Der Große Stein ist ein hervorragender Rastplatz für Fuß- und Radwanderer.

Feld bei Ventschau (Gemeinde Tosterglope) geborgen. Heute steht er einige Meter vom Fundort entfernt in einem kleinen Wäldchen. Bänke laden zum ausgiebigen Betrachten seiner faltigen Oberfläche ein. Je nach Licht und Laune kann man in ihm ein Schneckenhaus, die Haube eines Buddhas oder einen Schildkrötenkopf erkennen. Ein ausgeschilderter Rundweg führt vom Ventschauer Dorfplatz (Badesee!) zum Findling und wieder zurück.

Einige Kilometer nördlich von Tosterglope, im staatlich geführten Schieringer Forst, sind weitere Steine zu besichtigen. Sie wurden schon viel früher aufgestellt, nämlich in der Jungsteinzeit, zwischen 3500 und 2800 v. u. Z. Es handelt sich um zwei sehr gut erhaltene Megalithgräber der Trichterbecherkultur vom Typus »Hünenbett mit Grabkammer«. Die Archäologen haben sie etwas nüchtern »Barskamp 1 und 2« getauft. In den Hünengräbern der Jungsteinzeit wurden die toten Oberhäupter einer Sippe (bzw. ihre Asche) beigesetzt. Es wird vermutet, dass ein Bautrupp zusammengestellt wurde, der für die Dauer des Baus einer solchen Anlage dauerhaft in der Nähe wohnte. Rund drei Jahre dauerte die Errichtung eines solchen Riesengrabes. Die schweren Steine wurden wohl im Winter, wenn der Boden hart gefroren war, auf Baumstämmen herbeigerollt.

Die steinerne Einfassung von Barskamp 1 ist stattliche 60 Meter lang und 5 Meter breit. Die Anlage war Anfang des 20. Jahrhunderts in der Gegend als »Bahnhofsgrab« bekannt, weil sie nah am Bahnhof Forsthaus Schieringen der Bleckeder Kreisbahn lag, die hier von 1895 bis 1921 vorbeidampfte. Der Wald war damals ein beliebtes Ausflugsziel, und man kann sich lebhaft vorstellen, wie die wilhelminischen Sonntagsgesellschaften auf den runden Findlingsblöcken ihr Sonntagspicknick verzehrten. Das rund 800 Meter entfernte Grab Barskamp 2 ist mit 45 Metern Länge etwas kürzer, punktet aber dafür mit einem erhaltenen Deckstein an der innen liegenden Grabkammer.

Während die Hünenbetten heute keine Geheimnisse mehr bergen, gibt der wenige Schritte von Barskamp 2 gelegene »Opferberg« noch Rätsel auf. Rund 4 Meter hoch ist der Hügel und hat einen

Ohne Bahnhof, dafür mit Deckstein: Grabanlage Barskamp 2.

Durchmesser von etwa 28 Metern. Auf seinem höchsten Punkt steht eine bizarr geformte Winterlinde. Ihr zu Fuße haben moderne Schamanen kleine Opfergaben und Talismane hinterlassen: Feldblumen, Schneckenhäuser und schön geformte Steine. Der Tumulus ist jünger als die Hünenbetten, stammt vermutlich aus der mittleren Bronzezeit (ca. 1500 vor Christus) und wurde bisher nicht archäologisch untersucht. Es wird aber vermutet, dass auch er eine Grabanlage enthält.

Praktische Informationen:

Der Große Stein von Ventschau liegt in einem Wäldchen links hinter dem letzten Haus der Straße Am Bruch 6 – Zufahrt über den Hof von Am Bruch 3 mit seiner beeindruckenden Hofeiche.
Zu den Gräbern im Schieringer Forst: von Tosterglope der K13 nach Barskamp folgen, zu Beginn des Waldes geht rechts ein ausgeschilderter, gut befahrbarer Weg in den Wald bis zur ersten Grabanlage. Von dort sind es 800 Meter Fußweg zu Barskamp 2 und dem Opferberg. Auf der anderen Seite des Waldes gibt es eine ausgeschilderte Zuwegung von der L231 von Walmsburg Richtung Barskamp.

Google-Koordinaten:

Großer Stein: 53.210265, 10.859119, Gräber: 53.238801, 10.814863

Klostereiche

Ausdauernder als die Mönche

Scharnebeck (Landkreis Lüneburg)

㉔ Die Kirchen-Geschichte Scharnebecks beginnt mit einem Ahnherren der heutigen Queen von England: Otto I. aus dem uralten Adelsgeschlecht der Welfen wurde 1235 im Alter von 31 Jahren zum ersten Herzog von Braunschweig und Lüneburg ernannt. Mit Landschenkungen lockte er Zisterziensermönche aus dem Marienkonvent in Steinbeck bei Bispingen nach Scharnebeck, rund 13 Kilometer nordwestlich der blühenden Salz- und Residenzstadt Lüneburg. Weitere Schenkungen und Stiftungen entlang der Elbe machten das Kloster im Laufe der kommenden Jahrzehnte so reich, dass 1319 mit dem Bau einer riesigen Klosterkirche begonnen wurde. 1376 wurde die fast 60 Meter lange Kirche St. Maria geweiht. Ein Kreuzgang und Wohn- und Wirtschaftsgebäude komplettierten die Anlage.

Ungefähr zu dieser Zeit wuchs einige hundert Meter südlich des Klosters, nahe dem Mühlenteich, eine junge Stieleiche heran. Ob sie ein Wildsämling war oder vom Menschen gepflanzt wurde, ist unbekannt. Fest steht, dass sie sich an diesem Standort sehr wohlfühlte, denn sie wuchs in den folgenden Jahrhunderten zu einem mächtigen Baum heran und überdauerte die Mönche und selbst das Kirchengebäude.

Die Reformation beendete Scharnebecks wirtschaftliche und kulturelle Blütezeit, zum Glück aber auf friedliche Weise. Im Oktober 1531 wurde das Kloster in einer feierlichen Zeremonie aufgelöst, das Vermögen fiel an den Herzog von Lüneburg. Die heimatlosen Mönche kamen als Lehrer in der Umgebung unter oder gingen, pragmatisch, als Pfarrer in den Dienst der neuen reformierten Kirche. Teile des Klosters wurden zu einem Amtshaus, später auch kleinen Schloss ausgebaut und dienten als Wohnsitz für wechselnde Mitglieder der herzoglichen Familie. Die Kirche selbst verfiel im Lauf der Jahre und

Blick auf das Lindenrondell im Hof der Domäne.

wurde im 18. Jahrhundert durch den heutigen, wesentlich kleineren Bau ersetzt.

Heute zeugen noch eine Backsteinmauer des ehemaligen Kreuzgangs und ein großes, aus einem Findling gehauenes Fußwaschbecken südlich der jetzigen Marienkirche vom Leben der Mönche in Scharnebeck. Und auch die »Domäne«, ein ehemaliger Klosterspeicher aus dem Jahr 1510, hat sich erhalten und beherbergt Seminar- und Veranstaltungsräume. Wer will, kann sich hier auch trauen lassen und sich auf diese Weise ein bisschen verbunden fühlen mit dem Glanz der Hochzeiten des Hauses Windsor, der englischen Nachkommen von Otto I. Im Garten der Domäne stehen einige geschützte Kastanien und Linden.

Die Klostereiche von Scharnebeck überstand die Reformation, den Dreißigjährigen Krieg und alle darauf folgenden Ereignisse

Aus einem Findling gehauenes Fußwaschbecken.

und wuchs zu einem mächtigen Baumriesen heran: 22 Meter hoch war sie zuletzt, mit einem Stammumfang von beeindruckenden 7,60 Metern. Doch dem Alter und den Naturgewalten konnte auch sie auf Dauer nicht widerstehen. Der allmähliche Verfall des mächtigen Baumes wurde von den Scharnebeckern aufmerksam dokumentiert. 1885 fügte ein Blitzeinschlag dem damals rund 700 Jahre alten Baum schweren Schaden zu. Feuchtigkeit und Pilze begannen ihn von innen zu zersetzen – ein typisches Phänomen bei Eichen. An einem völlig windstillen Tag im Jahre 1967 brach ein großer Hauptast ohne Vorwarnung ab, woraufhin der Baum sich stark zu neigen begann. Im April 1994 zeichnete sich ein senkrechter Riss im Stamm ab; am 21. April 1994 um 4.28 Uhr in der Frühe brach der uralte Baum auseinander. Doch ein großer Ast blieb noch erhalten, so dass der mächtige Stumpf noch einige Jahrzehnte überdauern wird. Die Revierförsterei, auf deren Gelände die Eiche steht, entfernte die abgebrochenen Stammteile nicht, sondern ließ sie als Futter für Boden- und Kleinlebewesen liegen. In direkter Nachbarschaft zum Torso der Klostereiche wurde 1994 eine neue Eiche gepflanzt. Die wird dann wohl hoffentlich noch bis zum Jahr 2750 stehen!

Scharnebeck hat übrigens noch zwei weitere Attraktionen zu bieten: Der Kronsberg von Rullstorf im Norden der Gemeinde ist eines der archäologischen Highlights Niedersachsens. Die Archäologen fanden hier Spuren menschlicher Besiedlung von der Bronze- bis in die späte Sachsenzeit, darunter uralte Häuser und Pferdegräber. Der

Der Scharnebecker Eichentorso im Juni 2016.

schönste Fund ist die so genannte Schwanenfibel, eine altsächsische Gewandspange aus Bronze. Doch auch wer sich eher für starke Maschinen von heute interessiert, kommt in Scharnebeck auf seine Kosten: In Deutschlands größtem Schiffshebewerk kann man Schiffen beim Fliegen zuschauen. Bis zu 100 Meter lange Binnenschiffe schweben hier, auf ihrem Weg durch den Elbe-Seitenkanal, in den beiden riesigen Trögen (Gewicht: je 5800 Tonnen) 38 Meter auf und ab.

Praktische Informationen:
Die Klostereiche steht auf dem Gelände der Revierförsterei Scharnebeck, am Ende der Mühlenstraße, wenige Schritte südlich der Domäne (Parkplatz). Vom Fußweg entlang des Mühlenteiches ist sie gut zu sehen.

Google-Koordinaten: 53.291397, 10.511163

Bodenschätze in der Südheide

Soderstorf-Schwindebeck (Landkreis Lüneburg)

25 Rostrot, sandgelb und türkis: Bunt schillernd liegt sie im grünen Dämmerlicht, das durch das Laub der umstehenden Erlen und Birken dringt. Niedersachsens zweitgrößte Quelle ist ein Augenschmaus. Im Wasser gebildetes Eisen- und Manganoxid sind dafür verantwortlich.

Formal gesehen ist die Schwindequelle eine Tümpelquelle oder, gelehrter, eine Limnokrene. Bei dieser Quellform tritt das Wasser aus einer Mulde im Boden aus. Berühmte Schwestern dieses Typs sind die Rhumequelle im Harz und der Blautopf in Blaubeuren. Hier in Schwindebeck werden rund 60 Liter sauerstoffarmes Wasser pro Sekunde aus dem Untergrund gedrückt und nähren den Schwindebach, der nach einigen Kilometern in die Luhe mündet. Der Bach entspringt zwar schon zwei Kilometer weiter oberhalb der Quelle, aber traditionellerweise wird dieser Ort als sein Beginn angesehen.

Das Wasser sprudelt so kräftig, dass der Sand auf dem Boden der Quelle in ständiger Bewegung ist.

Der Schwindebach nimmt das Quellwasser mit auf die Reise zur Mündung in die Luhe.

Die Kraft des Wassers zeigt sich bei näherem Hinsehen in den kleinen »Sandexplosionen« auf dem Grund des flachen Quelltopfes – ein seltenes, beinahe magisches Schauspiel. Da die Wassertemperatur der Schwindequelle ganzjährig konstant neun Grad Celsius beträgt, friert sie auch im strengsten Winter nicht zu und sichert damit das Überleben vieler Vogelarten, wie zum Beispiel des Eisvogels. Nach ausgiebiger Bewunderung der Quelle kann man von hier direkt in die wenig bekannte Schwindebecker Heide wandern. Das ehemalige militärische Übungsgelände wurde in den 1990er Jahren renaturiert und bietet vom »Feldherrenhügel« eine schöne Sicht über Heide- und Sandflächen.

Einen Kilometer südlich der Schwindequelle erinnern die Kieselgurteiche an die Zeit, als Schwindebeck ein Industriestandort war. Hier wurde im Tagebau die Kieselgur abgebaut, ein weißes, sehr feines Sedimentgestein, das zum größten Teil aus fossilen Kieselalgen (Diatomeen) besteht und in der letzten Warmzeit abgelagert wurde. Chemischer Hauptbestandteil der Kieselgur ist nichtkristallines Siliciumdioxid. Mitte des 19. Jahrhunderts entdeckte ein Bauer beim Ausschachten eines Brunnens am Haußelberg westlich von Uelzen das erste Kieselgurvorkommen in der Lüneburger Heide. Findige Ingenieure erkannten bald das Potenzial dieses Rohstoffes für die Industrie: Alfred Nobel nutzte das leichte, hochporöse Material ab 1867 für die Dynamitherstellung in seiner Fabrik in Krümmel bei Geesthacht. Mit Hilfe der Kieselgur konnte er das hochexplosive Nitroglyzerin so stabilisieren, dass es transportfähig wurde. Einer seiner Zulieferer war der Celler Ingenieur Wilhelm Berkefeld. Berkefeld fand eine segensreichere Verwendung für die Kieselgur. Er bemerkte, dass das Siliciumpulver eine filtrierende Eigenschaft besaß, und entwickelte Porzellan-Wasserfilter mit Filterkerzen aus gebrannter Kieselgur. Seine »Berkefeld-Filter« reinigten und entkeimten das Wasser. Sie wurden erstmals bei der großen Hamburger Choleraepidemie von 1892 mit Erfolg eingesetzt und haben vermutlich manches Leben gerettet. Noch heute stellt die Firma Berkefeld in Celle Anlagen zur

Prozesswasseraufbereitung und Trinkwasseraufbereitung her, die weltweit vertrieben werden.

In Schwindebeck wurde die Kieselgur ab 1913 abgebaut. Auch im nahen Hützel und Steinbeck gab es Fundstellen. Bis zu 50 Schwindebecker, Männer und Frauen, waren in den Hochzeiten der Produktion beschäftigt, gruben das Mineral im Tagebau aus der Erde und schoben zentnerschwere Loren mit Muskelkraft zu den Waggons, die die Kieselgur nach Ludwigshafen und in andere Industriehochburgen transportierten. 1975 waren die

Bitte auf den Wegen bleiben!

Schwindebecker Vorkommen unrentabel geworden, und der Abbau wurde eingestellt. Heute erinnern die Kieselgurteiche und einige ehemalige Arbeiterhäuschen an diese Epoche der Schwindebecker Wirtschaft. Der Heide-Panoramaweg führt hier vorbei.

Praktische Informationen:

In Schwindebeck, 21388 Soderstorf, von der Hauptstraße in die Straße Zur Schwindequelle abbiegen (braune Schilder). Die Quelle liegt nach etwa 400 Metern (Parkplatz) links im Wald. ÖPNV: An Werktagen fährt der Bus 5700 vom ZOB Lüneburg über Amelinghausen Bahnhof mehrmals täglich bis zur Haltestelle Schwindebeck-Ort, von dort ca. 10 Minuten Fußweg.

Google-Koordinaten: 53.132162, 10.112146

Erinnerung mit Meißel und Feile
Soderstorf-Raven (Landkreis Lüneburg)

㉖ Lange war er unterwegs, der Jahrhundertstein von Raven. Wie so viele andere Findlinge Norddeutschlands reiste er per Gletscherpost von Skandinavien und landete schließlich auf dem Jahrhundertberg im Landkreis Lüneburg. Da liegt er nun in einem Blaubeerwäldchen. Wie groß er ist, weiß niemand, so tief steckt er im Boden fest. Der sichtbare Teil ragt etwa 80 Zentimeter hoch heraus.

Was diesen Stein besonders macht, ist weder seine Größe noch sein Material. Er beherbergt keine seltenen Pflanzen, hat keine archäologische Bedeutung. Kein gefallenes Mädchen liegt unter ihm begraben und kein Geist geht hier um. Nein, was den Stein zu einem Denkmal im besten Sinne des Wortes macht, sind die verschiedenen Gravuren auf seiner Oberseite. Oder sollte man sagen: Verletzungen?

Als Erstes fällt die Gravur auf, die dem Stein seinen Namen gab: ein Eisernes Kreuz, oben und unten eingefasst von den Jahreszahlen »1813« und »1913«. Die Gravuren sind sorgfältig etwa einen Zentimeter tief in den Fels getrieben und dunkel unterlegt, so dass sie sich besser vom grauen Granit abheben.

Am 10. März 1813 stiftete der preußische König Friedrich Wilhelm III. in Breslau einen Orden, den er Eisernes Kreuz nannte. Es war der Beginn der »Befreiungskriege« gegen die napoleonische Besatzung in Preußen, die mit dem zweiten Pariser Frieden vom 20. November 1815 ihr Ende nehmen sollten und zu gewaltigen Veränderungen der politischen Machtstrukturen in Europa führten.

Der Orden, ein schwarzes Tatzenkreuz auf weißem Grund, wurde ohne Rücksicht auf Stand oder Herkunft an alle verliehen, die sich im Kampf gegen Frankreich auszeichneten. In einer fast poetisch zu nennenden Geste verlieh Friedrich Wilhelm das erste Eiserne Kreuz der Geschichte seiner drei Jahre zuvor verstorbenen Frau, der schon

Der Jahrhundertstein ist Naturdenkmal und »Nach-Denk-mal« zugleich.

zu Lebzeiten legendären Luise von Mecklenburg-Strelitz. Sie hatte 1806 versucht, ein Friedensabkommen mit Napoleon zu erwirken. Bis 1945 war das Eiserne Kreuz einer der wichtigsten Verdienstorden in Preußen bzw. später im Deutschen Reich und unter den Nationalsozialisten. Heute ist es noch immer, in verschiedenen Varianten, das Hoheitszeichen der Bundeswehr.

Die Zahl 1913 steht für das Anfangsjahr eines weiteren Krieges, in den die jungen Deutschen genauso glühend patriotisch zogen wie hundert Jahre zuvor gegen Napoleon. Die Bilanz dieses ersten Massenvernichtungskrieges der Menschheitsgeschichte ist erschütternd: rund 20 Millionen tote Soldaten und Zivilisten.

Über den Scheitelpunkt des Steins zieht sich, jeweils im Abstand von ca. 15 Zentimetern, wie eine Steppnaht eine Reihe von Bohrlöchern. Ähnlich wie beim Harkestein in Dithmarschen (s. S. 63) sind sie die Relikte eines vergeblichen Spaltungsversuchs. Auch hier wollte also jemand vor vielen Jahren »steinreich« werden. Wir wissen nicht, wann und warum die Arbeit aufgegeben wurde – der Jahrhundertstein blieb aber auf jeden Fall Sieger.

Jahreszahlen haben die Bedeutung, die die jeweilige Generation ihnen gibt.

Geht man von der Jahrhundertgravur etwas nach rechts um den Stein, sieht man eine weitere Zahl, die für die deutsche Geschichte eine unrühmliche Bedeutung hat: »1933«, das Jahr, in dem Hitler und seine nationalsozialistische Partei die Macht in Deutschland übernahmen. Auch bei diesem »Anfang« hat – man muss es offen sagen – ein großer Teil der Bevölkerung gejubelt. Und irgendjemand hielt dies für so bedeutsam, um die Zahl und auch ein Hakenkreuz in den Jahrhundertstein zu schlagen. Diese Gravur ist längst nicht so sorgfältig ausgeführt wie die erste, und das Hakenkreuz ist durch Hinzufügen von weiteren Strichen inzwischen in vier Quadrate »umgestaltet« worden, aber das mindert nicht die Traurigkeit, die von diesem Zeichen ausgeht.

Doch zum Glück war die Umrundung des Steins noch nicht komplett. Einen Schritt vom Nazi-Emblem weiter nach rechts hat sich noch jemand an dem Stein zu schaffen gemacht und ein Friedenszeichen hineingeritzt. Der berühmte Kreis mit den drei Strichen wurde 1958 für die britische Abrüstungskampagne »Campaign for Nuclear Disarmament«(CND) entworfen und verbreitete sich mit den Hippies der 1960er Jahre als »Peace«-Zeichen über die ganze Welt. In Deutschland liest man es fälschlicherweise oft als Runenzeichen, doch die Striche in der Mitte symbolisieren die Buchstaben C und N im Winkeralphabet.

Spuren der Treibkeile.

Das Friedenszeichen ist die zarteste von allen Spuren, welche unbekannte Menschen auf dem Jahrhundertstein von Raven hinterlassen haben. An seiner hellen Farbe kann man erkennen, dass es auch die jüngste ist. Es sieht aus, als wäre es nur mit Hilfe eines Schlüssels oder Taschenmessers in den Fels geritzt worden. Doch diese feinen Linien sind das Korrektiv, das die Zeugnisse von Gier, Kriegslust und Diktatur zwar nicht aufhebt, aber zumindest erträglich macht.

Eine Bank steht neben dem Stein, von der der Blick einen kleinen Hang hinunter in den Wald geht. Von Wind und Vogelgezwitscher abgesehen, ist es hier sehr still. Es ist ein guter Platz, um über die Geschichte nachzudenken: darüber, welche Zahlen hier fehlen und welche Zahl vielleicht als Nächstes in den Stein geschlagen wird.

Praktische Informationen:
In Soderstorf-Raven von der Ravener Dorfstraße in den Ernesto-Krause-Weg einbiegen. Ein kleines Wäldchen durchfahren. Direkt dahinter geht rechts ein schmaler Feldweg ab (auf der linken Straßenseite ein kleines Holzschild »Wanderweg«). Der Stein liegt nach ca. 150 Metern im Wald direkt am Weg.

Google-Koordinaten:
Jahrhundertstein: 53.179172, 10.167140,
Raven 1: 53.181757, 10.162645, Raven 2: 53.175625, 10.186018

Tor zur Unterwelt

Anklopfen sinnlos

Lüneburg (Landkreis Lüneburg)

27 Kein Findling, keine Versteinerung und auch kein seltenes Bodenprofil, nein: Zwei Backsteinpfosten und ein verbogenes Gartentor aus dem Jahr 1898 bilden das wohl ungewöhnlichste Natur- und Bodendenkmal Lüneburgs. Schuld daran ist das Zechsteinmeer. Noch heute, 240 Millionen Jahre nach seinem Austrocknen, sorgen die Überreste dieses Urmeeres für Schlagzeilen und Touristenströme.

Machen wir einen Sprung in die jüngere Geschichte. Dass die Stadt Lüneburg ihren Reichtum dem Salz verdankt, weiß in Norddeutschland jedes Kind. Ein weißes Wildschwein, so die Sage, hatte vor rund tausend Jahren Jägern den Weg zur Salzquelle an der Ilmenau gewiesen. Das »weiße Gold« kam hier als Sole direkt an die Oberfläche und konnte leicht gewonnen werden. Im Mittelalter war das Salz der Lüneburger Saline heiß begehrt, um Speisen zu würzen und Fleisch und Ostseeheringe haltbar zu machen.

Der Salzstock, auf dem das heutige Lüneburg steht, ist der geologisch bedeutsame Rest des riesigen Zechstein-Meeres, das einst ganz Norddeutschland und große Teile Skandinaviens und der heutigen Nordsee bedeckte. Vor etwa 240 Millionen Jahren trocknete es aus und hinterließ den Menschen in Norddeutschland einen großen Schatz: Nirgendwo sonst auf der Welt findet sich so viel Kochsalz. Doch während es an den meisten anderen Salzorten tief liegt und in Stollen abgebaut werden muss, hob sich der Lüneburger Salzstock durch den Druck der später hinzugekommenen Ton- und Sandschichten bis nah an die Oberfläche. Hilfreiche unterirdische Wasseradern lösten das Salz auf und spülten es ans Tageslicht. Die findigen Lüneburger mussten es nur noch aufschöpfen und in großen Pfannen, unter denen Tag und Nacht Holzfeuer brannten, so lange kochen, bis nur noch die Salzkristalle zurückblieben.

Zur Fütterung der ewig hungrigen Siedeöfen ließen die Sülfmeister nach und nach die Wälder rund um die Stadt abholzen und schufen damit eine weitere heutige Touristenattraktion: die Lüneburger Heide. Rund 1000 Jahre lang beuteten die Lüneburger ihren Salzstock aus, förderten bis zu 250 Kubikmeter Sole pro Tag und verschickten ihr Salz über den Land- und Wasserweg (Stecknitzkanal) in alle Welt. Immer mehr Menschen wurden vom Reichtum der Hansestadt angelockt. Um 1500 hat Lüneburg ca. 14000 Einwohner und ist damit eine der größten Städte in Deutschland mit immer schöneren Backsteinhäusern und prächtigen Kirchen. Doch was die Lüneburger reich macht, wird ihrer Backsteingotik nun auch zum Verhängnis: In einem rund 1,8 Quadratkilometer großen Bereich der westlichen Altstadt senkt sich der Boden. Unterirdische Wasserläufe höhlen das salzhaltige Gestein aus, es kommt zu Absenkungen, an manchen Stellen durch Aufquellen des Gipses im Boden auch zur Anhebung des Untergrundes. Als Folge sieht man überall in der Lüneburger Innenstadt Häuser, deren Senkrechten mehr oder weniger aus dem Lot geraten sind. Bis zu einem gewissen Grad ist das tolerabel, aber irgendwann droht

»Bauherren, die Ihr hier eintretet ... lasst alle Hoffnung fahren!«

Einsturzgefahr oder gar ein plötzlicher Erdfall, in dem ganze Häuser versinken können. Seit Ende des Zweiten Weltkriegs überwacht die Stadt Lüneburg die Bewegungen innerhalb des Senkungsgebietes. 300 Messstationen liefern heute Daten und lösen gegebenenfalls Alarm aus.

In der Frommestraße, wo das »Tor zur Unterwelt« heute allein auf weiter Flur steht, senkte sich der Boden bereits in den 1920er Jahren bedenklich. Einige Häuser mussten abgerissen werden. Auf einem Foto des Tors aus dem Jahr 1931 haben sich die beiden Torflügel schon um ca. 10 Zentimeter übereinandergeschoben. Dann beruhigte sich der Boden wieder, bis es im Jahre 2009 wieder zu bedrohlichen Absenkungen kam. Die Häuser Frommestraße 4 und 5 mussten im Laufe des Jahres 2012 trotz massiver Proteste der Anwohner aus Gründen der nicht mehr gegebenen Standsicherheit abgerissen werden. Das Gartentor wurde bei den Bauarbeiten zwar beschädigt, doch richtete man es 2014 wieder her und ließ es als Naturdenkmal stehen. Insgesamt hat sich das »Tor zur Unterwelt«, das heute nur auf eine Brache führt, seit 1898 um fast zwei Meter abgesenkt und um einen Meter horizontal übereinandergeschoben. Und da der Untergrund unter Lüneburg immer noch in Bewegung ist, kann niemand sagen, wie sich das Tor in der Zukunft noch verändern wird. Heute ist es jedenfalls eine Attraktion für alle, die sich für die Geologie der Stadt interessieren.

Lohnenswert ist auch ein Besuch auf dem wenige Fußminuten weiter nördlich liegenden Kalkberg. Den Kalkberg selbst verdanken die Lüneburger, wie ihr Salz, ebenfalls dem Zechsteinmeer, denn der Berg besteht – etwas irritierend – nicht aus Kalk, sondern aus Gips und Anhydrit – Mineralien, die beim Aufsteigen des Salzstockes ausgeschwemmt wurden und sich wie ein spitzer Zaubererhut über dem Salzstock erhoben. Geologisch gesehen ist der Lüneberger Kalkberg ein enger Verwandter seines Namensvetters in Segeberg (s. S. 131, Segeberger Kalkberg). Im Jahre 955 machte Markgraf Hermann die neu gebaute Burg auf dem damals noch stattliche 80 Meter hohen Berg zu seiner Residenz und gründete mit seinem Bruder, dem Bischof

Blick in die ehemalige Kalkgrube.

von Verden, dort das Kloster St. Michaelis. Unter weltlichem und kirchlichem Schutz gedieh fortan die Saline auf den Sülzwiesen. 1371 wurden Burg und Kloster im Zuge des Lüneburger Erbfolgekrieges zerstört, der Berg bis zur Gipsgewinnung bis auf 56 Meter abgetragen. Bis heute belohnt der Aufstieg mit einem weiten Blick auf die Stadt und ihr Umland. 1932 wurde der Kalkberg zu einem der ersten Naturschutzgebiete in Deutschland erklärt. Eine Tafel am Fuß des Berges erklärt die geologische Situation.

Praktische Informationen:

Das Tor steht gut sichtbar, wenn auch weiträumig eingezäunt, auf der Brachfläche der ehemaligen Häuser Frommestraße 2–4 gegenüber dem Scunthorpe-Park. Infotafel am Zaun.
ÖPNV: Vom Bahnhof Lüneburg sind es ein ca. 20-minütiger Spaziergang durch die Altstadt oder 13 Minuten mit dem Bus 5013 vom Bahnhof Lüneburg bis zur Haltestelle Am Springintgut.

Google-Koordinaten: 53.252460, 10.401958

Bräutigamseiche

Besser als Tinder und Parship

Dodau bei Eutin (Kreis Ostholstein)

28 Vor 500 Jahren, so heißt es, wurde im Wald von Dodau bei Eutin ein junger Edelmann von seinen Feinden gefangen genommen, gefesselt und ausgesetzt. Ein Mädchen kam vorbei und befreite ihn von seinen Fesseln. Zur Erinnerung pflanzte der Mann eine Eiche an der Stelle seiner Rettung.

Vierhundert Jahre später war aus der jungen Eiche ein mächtiger Baum und aus dem gefährlichen Wald ein ordentlicher Forst mit Försterei geworden. Da verliebte sich die Tochter des Oberförsters in einen Schokoladenfabrikanten aus Leipzig. Die beiden wollten heiraten, doch der Förster war mit dem jungen Mann nicht einverstanden und verbot seiner Tochter den Umgang. So mussten die beiden heimlich kommunizieren. In einem hochgelegenen Astloch der großen Eiche versteckten sie ihre Liebesbriefe. Nach einiger Zeit wurde ihre Hartnäckigkeit belohnt: Der Vater lenkte schließlich ein, und am 2. Juni 1891 wurde unter dem Baum Hochzeit gefeiert.

Die Geschichte sprach sich herum, und bald wurde die Eiche zur »Bräutigamseiche« und das Astloch zum Liebesbriefkasten: Menschen auf der Suche nach einem Partner hinterließen einen Zettel mit ihrer Adresse und ein paar Zeilen zu ihrer Person. Jeder, der ihre Nachricht findet, kann mit den Absendern Kontakt aufnehmen.

Schon 1927 bekam der Baum seine eigene offizielle Postadresse und ist bis heute bei einsamen Seelen sehr beliebt. Bis zu 40 Briefe kommen täglich an und werden vom Eutiner Briefträger in das Astloch zugestellt. Dazu muss er auf eine Leiter steigen, denn die hohle Stelle liegt drei Meter über dem Boden.

Und es funktioniert: Angeblich sind auf diesem Wege schon über 100 Ehen gestiftet worden, darunter auch die von Karl-Heinz Martens, der im Dienst der deutschen Post 20 Jahre lang die Briefe in die

Stufen der Hoffnung: Eine Leiter führt hinauf zum Liebes-Postfach.

Bräutigamseiche · Dodau bei Eutin (Kreis Ostholstein) · 123

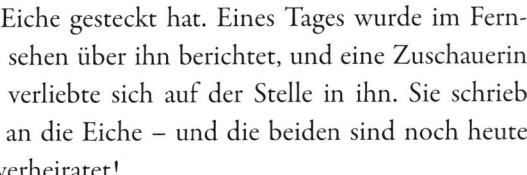

Eiche gesteckt hat. Eines Tages wurde im Fernsehen über ihn berichtet, und eine Zuschauerin verliebte sich auf der Stelle in ihn. Sie schrieb an die Eiche – und die beiden sind noch heute verheiratet!

Die Eiche selbst hatte in der Liebe eher Pech. Nach mehreren Jahrhunderten Singledasein heiratete sie am 25. April 2009 Deutschlands zweiten Baum mit eigenem Briefkasten: eine rund 300 Jahre jüngere Kastanie in Düsseldorf-Himmelgeist. Doch die Fernbeziehung dauerte nur sechs Jahre und nahm ein brutales Ende. Am 14. Dezember 2015 musste die Himmelgeister Kastanie wegen Pilzbefalls bis auf den Stamm heruntergehauen werden. Nun ist die Bräutigamseiche also verwitwet. Ob sich nach Ablauf der Trauerzeit ein neuer Partner finden lässt? Ein möglicher Kandidat wäre der Post Office Tree in der Mossel Bay in Südafrika, der schon seit 600 Jahren als Postamt dient. Vielleicht lohnt sich aber auch die Kontaktaufnahme mit Melbourne, Australien: Die dortigen Straßenbäume haben seit 2015 eigene E-Mail-Adressen.

Der Dodauer Forst hat neben seiner berühmtesten Bewohnerin noch zahlreiche andere schöne Bäume zu bieten und kann auf gepflegten Wegen durchwandert werden. Liebhaber alter Filme sollten auch einen Blick auf das nahe Forsthaus werfen: Einige Szenen der »Immenhof«-Filme sind in den 1950er Jahren hier gedreht worden.

Praktische Informationen:

Die Bräutigamseiche steht im Dodauer Forst in der Nähe der Försterei. An der B76, etwa zwei Kilometer westlich von Eutin in Richtung Plön, bei der Obstbrennerei Münster rechts in den Wald (Schilder). Parkplatz nach etwa 300 Metern, von dort 50 Meter Fußweg.

Heiratswillige schreiben an diese Adresse:

Bräutigamseiche, Dodauer Forst, D-23701 Eutin

Google-Koordinaten: 54.134697, 10.557559

Hoch hinaus mit dem Reichskanzler

Bad Schwartau (Kreis Ostholstein)

29 Ausnahmen von der Regel sind meistens interessant. Vor der Gaststätte Pariner Berg auf der gleichnamigen, 72 Meter hohen Anhöhe bei Bad Schwartau stehen fünf Linden, die dem Wirt nicht nur über den Kopf, sondern sogar über das Dach gewachsen sind. Das ist aber in diesem Fall gar nicht lästig, sondern sehr schön. Und wurde mit Denkmalstatus belohnt.

Rund 25 Meter hoch sind die Linden – Winterlinden, Tilia cordata, um genau zu sein –; ihr Alter ist unbekannt. In früheren Zeiten pflanzte man auf dem Land oft Linden vor die Häuser, denn sie waren nicht nur schön, sondern auch nützlich. Sie schützten das Strohdach vor Blitzeinschlag, kühlten das Haus im Sommer, die Wurzeln leiteten Sickerwasser von den Fundamenten weg und hielten so die Mauern trocken. Und die duftenden Lindenblüten ergaben den begehrten Honig. Es gibt also viele Gründe für Linden vor dem Haus. Allerdings werden sie als Hausbaum meistens rigoros in Form geschnitten, so dass sie selten derartige Ausmaße annehmen wie die Pariner Linden. Die wurden zwar 1989 einmal aus Sicherheitsgründen um neun Meter eingekürzt, sind aber inzwischen schon wieder mindestens genauso hoch wie damals. Tatsächlich gibt es kaum einen Baum, der einen Rückschnitt so gut wegsteckt wie die Linde; sie treibt danach umso kräftiger aus.

Anstatt seine Linden zu beschneiden, investierte Theodor Lampe, der Wirt vom Pariner Berg, um 1900 seine Zeit und auch sein Geld in ein lohnenderes Projekt. Er engagierte sich mit anderen lokalen Patrioten im Verein zur Errichtung einer Bismarcksäule auf dem Pariner Berg. Die Geschäfte müssen damals gut gelaufen sein, denn der Wirt spendete 1000 Reichsmark, einen Haufen Feldsteine sowie das hinter der Gaststätte gelegene Grundstück für den Bau dieser Gedenkstätte. Um Otto von Bismarck, den »Eisernen Kanzler«, hatte sich im wilhelminischen Kaiserreich ab ungefähr 1890 ein regelrechter Kult entwickelt, der nach seinem Tod 1898 noch einmal gewaltig an Fahrt gewann. Jeder noch so kleine Ort, so scheint es, musste dem Junker damals ein Denkmal setzen. Zur Wahl standen neben einfachen Gedenksteinen und -tafeln auch ambitioniertere Ehrenmäler wie bronzene Reiterstandbilder, Brunnen und – wie hier in Parin – ganze Türme. Aus heutiger Sicht ist diese Verehrung, die besonders unter den »kleinen Leuten« verbreitet war, schwer nachzuvollziehen, Bismarcks Rolle in der deutschen Geschichte wird durchaus kritisch bewertet.

Der Pariner Bismarck-Verein entschied sich für einen Bismarckturm des Bremer Architekten Edouard Gildemeister. Er fiele etwas bescheidener aus als das damals populäre Modell »Götterdämmerung« des Dresdner Baumeisters Wilhelm Kreis, von dem fast 50 gebaut wurden. Patriotische Studenten hatten 50 000 Gemeinden angeschrieben, um im ganzen Land »Bismarcksäulen« zu errichten. Die Resonanz war überwältigend: 240 Bismarcktürme wurden in den folgenden Jahren im Deutschen Reich, aber auch in Übersee, errichtet, 143 sind bis heute erhalten. Der größte von ihnen ist der 45 Meter hohe Turm in Glauchau bei Zwickau; er bot in seinem Inneren sogar Platz für eine Jugendherberge. Das Pariner Exemplar ist mit einer Grundfläche von knapp 5 x 5 Metern und einer Höhe von 12,82 Metern deutlich übersichtlicher, aber dafür ging der Bau zügig voran. Die Grundsteinlegung am 30. Juli 1901 (3. Todestag von Otto von Bismarck) war spektakulär: Der Schwartauer und Pansdorfer Kriegerverein, der Turnverein Schwartau, die Schlachterinnung, der Schwartauer Sängerbund und der Quartettverein waren vor Ort. Ein Festzug führte vom Bahnhof zum Pariner Berg; der Weg zum Bauplatz war mit Fahnen und Girlanden geschmückt, und Pastor und Oberamtsrichter hielten die Festreden. Am 28. September 1902 wurde der Turm vor 1000 Gästen feierlich eingeweiht und war von

Nicht nur für Patrioten eine gute Sache: Kaffee und Kuchen unter alten Linden.

Anfang an ein beliebtes Ausflugsziel der Lübecker und der wachsenden Schar der Ostsee-Badegäste. Die ursprüngliche Idee, jedes Jahr zu Bismarcks Geburtstag Ehrenfeuer auf den Türmen zu entfachen, setzte sich in der Praxis nicht allgemein durch, weil der Kanzlergeburtstag (1. April) ungünstigerweise in den Semesterferien lag. Die Pariner Feuerschale wurde erst 1972 endgültig abgebaut und der Turm als reiner Aussichtsturm genutzt. Der Blick geht über die für Schleswig-Holstein typischen Wallhecken, Knicks genannt, und Galloway-Weiden bis nach Lübeck. Nachdem man sich daran sattgesehen hat, führt der Weg wie von selbst zu dem alten Gasthaus unter den Linden, wo Kaffee und frischer Kuchen auf die erschöpften Ausflügler warten.

Praktische Informationen:

Der Pariner Berg liegt etwa 3 Kilometer nördlich von Bad Schwartau, zwischen Groß Parin und Klein Parin. Adresse: Pariner Berg 4, 23611 Bad Schwartau.

Google-Koordinaten: 53.942829, 10.681958

Schmidt-Rottluff-Allee

Die Kastanien des Künstlers

Sierksdorf (Kreis Ostholstein)

30 Dass Bäume an sich bereits schön und Kunstwerke der Natur sind, ist allgemein bekannt, und für die Rosskastanie mit ihren Tausenden von weißen Blütenkerzen gilt dies ganz besonders. Doch wenn Bäume Modell stehen für ein Kunstwerk und der Maler auch noch weltberühmt ist, ist das dann doch etwas Besonderes. So geschah es 1956 im Ostseebad Sierksdorf an der Lübecker Bucht. Die Bäume: eine ca. 150 Meter lange Kastanienallee, die auf das 1885 gebaute Strandhotel Seehof zuführt. Der Künstler: Karl Schmidt-Rottluff (geboren 1884 in Chemnitz), Expressionist, Maler, Grafiker, Gründungsmitglied der epochemachenden Künstlervereinigung Die Brücke und lebenslanger Ostsee-Liebhaber.

Nach dem Zweiten Weltkrieg verschlug es den Kunstmaler Günter Machemehl mit seiner Familie nach Sierksdorf. Die Flüchtlinge blieben und bauten ein Haus. Im Sommer 1951 kamen ihre langjährigen Freunde, Schmidt-Rottluff und seine Frau Emmy, erstmals zu Besuch. Sierksdorf wurde für die beiden zum Ersatz für die geliebten früheren Ferienorte, die nun in Polen und der DDR unerreichbar waren. 1954 erweiterten die Machemehls ihr Haus und bauten ein Atelier für Schmidt-Rottluff an. Bis zu seinem Tod im Jahr 1973 verbrachte der Maler, der seit 1947 Professor an der Berliner Hochschule für Bildende Künste war, mit seiner Frau die Sommerferien in Sierksdorf. Zwischen Strand und Steilküste fand Schmidt-Rottluff seine Motive, und es entstanden über die Jahre zahlreiche Sierksdorfer Gemälde und Skulpturen. Das bekannteste von ihnen ist das Ölbild »Seehofallee« aus dem Jahr 1956. In leuchtenden Farben und kräftigem Strich zeigt es die Kastanienallee von Westen, die zum noch heute existierenden Hotel Seehof und dahinter zum Strand führt.

Das 88 x 102 cm große Gemälde hängt heute in den Kunstsamm-

Die Kastanienallee in sattem Grün. Schmidt-Rottluff sah sie deutlich bunter.

Das passt schon: »Transformation« ist schließlich einer der Schlüsselbegriffe des Expressionismus.

lungen von Schmidt-Rottluffs Geburtsort Chemnitz. Das Haus Machemehl, wo sich auch Schmidt-Rottluffs Atelier befand, ist in Privatbesitz und kann gelegentlich besichtigt werden. Jederzeit öffentlich zugänglich ist das Trafohäuschen direkt am oberen Ende der Kastanienallee. Wandgemälde im eher realistischen Stil zeigen den Künstler mit Strohhut und Staffelei bei der Arbeit. Das wenige Schritte entfernte Haus des Gastes (Vogelsang 1) würdigt Schmidt-Rottluffs Sierksdorfer Wirken mit einer Dauerausstellung.

Doch Sierksdorf hat, neben Ostseestrand und dem Freizeitpark Hans-Park, noch etwas Besonderes zu bieten: In Deutschlands einzigem Bananenmuseum erfahren Besucher alles nur Wissenswerte über die (botanisch) gelben Beeren.

Praktische Informationen:

Die Allee Zum Seehof liegt in der Ortsmitte von Sierksdorf, nur wenige Schritte von Strand und Touristeninformation entfernt.

Google-Koordinaten: 54.066273, 10.769552

Segeberger Kalkberg

Burgenschutt und Cowboyhut

Bad Segeberg (Kreis Segeberg)

③ Zahlreiche Legenden ranken sich um diesen Berg mitten in der Kreis- und Kurstadt. Sie alle versuchen zu erklären, wie dieser außergewöhnliche Ort entstanden ist. Wie so oft in kniffligen Fällen, kommt auch hier der Teufel ins Spiel. Manche sagen, der Teufel habe den Berg aus der Erde ausgegraben, und dort, wo der Felsen war, liegt nun der Segeberger See. Laut einer anderen Geschichte wollte der Teufel den Plöner See trockenlegen, weil ihm die Menschen dort zu fromm waren. Er schnappte sich in Lüneburg einen großen Felsbrocken und flog damit über Land Richtung Plön. Eine alte Frau sah ihn und drehte ihm zum Schutz das nackte Hinterteil zu. Der Anblick erschütterte den Teufel so sehr, dass er den Brocken fallenließ – der Segeberger Kalkberg hatte seinen Platz gefunden.

Die geologische Wahrheit ist weniger deftig. Durch Tektonik wurden Teile eines tief liegenden, 250 Millionen Jahre alten Salzstocks nach oben gedrückt. Das aufsteigende Steinsalz wurde im Kontakt mit dem Grundwasser aufgelöst, der weniger lösliche Anhydrit (Calciumsulfat) wandelte sich im Kontakt mit dem Grundwasser zum Teil in Gips um. So entstand an der Oberfläche der so genannte Gipshut, im Volksmund Kalkberg genannt. Aus Sicht der Geologen sind der Segeberger und der Lüneburger Kalkberg (s. S. 118) zwei Gipfel des sich unter Norddeutschland erstreckenden unterirdischen »Haselgebirges« aus Ton, Anhydrit und Gips, auflagernd und eingebettet in Salz.

Im eher flachen Norddeutschland ist jede Bodenerhebung etwas Besonderes. Orte mit Aussicht boten in früheren Zeiten einen gewissen Schutz vor Feinden und waren daher strategisch wichtige Plätze. Der Segeberger Kalkberg erhob sich im Mittelalter rund 110 Meter über das flache Ostholstein. 1143 ließ Kaiser Lothar auf dem Berg eine

Beim Spaziergang über den Kalkberg entdeckt man vielfältige Gesteinsformationen.

Burg errichten und nannte sie Siegesburg – daraus wurde im Laufe der Jahre dann Segeberg.

Die Burg wurde mehrfach zerstört und wieder aufgebaut, bis sie 1644 endgültig aufgegeben wurde. Heute erinnert noch der 84 Meter tiefe Brunnenschacht an Segebergs militärische Vergangenheit.

Kaum war die Burg weg, wurde der Berg ausgebeutet. Sein Gips war begehrtes Baumaterial unter anderem für die großen Kirchen in Lübeck. So gierig gruben die Segeberger, dass der Berg heute nur noch 90 Meter statt der ursprünglichen 110 Meter hoch ist. Als kahle Kuppe überragte er die kleine Stadt. Erst als im 19. Jahrhundert der Badebetrieb einsetzte (unter Ausnutzung der örtlichen Salzquellen, die ebenfalls ein Geschenk des Berges waren), ließ der Segeberger Verschönerungsverein den Berg mit Bäumen und Bänken zum Ausflugsziel umgestalten.

Im Jahre 1913 entdeckten Arbeiter tief unter dem Kalkberg eine geologische Sensation: ein weit verzweigtes Karsthöhlensystem. Es entstand in den letzten 5000 Jahren durch Auslaugung des Gesteins,

Blick auf den Großen Segeberger See, wo der Teufel den Berg ausgrub.
Er entstand durch Auslaugung des Steinsalzes im Boden.

vermutlich in Verbindung mit dem Süßwasser des benachbarten Kleinen Segeberger Sees. Mit bisher entdeckten 2260 Metern Länge (davon 400 Meter für Besucher zugänglich) ist es die zweitlängste Gipshöhle Deutschlands. Zehntausende von Fledermäusen nutzen sie als Winterquartier; ganzjährig lebt hier der weltweit einzigartige Segeberger Höhlenkäfer.

Letztendlich waren die Höhlen der Grund, den Gipsabbau einzustellen. 1922 verkaufte der preußische Staat, der bis dahin den Steinbruch besaß, den Berg an die Stadt Segeberg; 20 Jahre später wurden die Höhle und ein Teil des Berges unter Schutz gestellt.

Die riesige Grube, die der Tagebau zurückließ, war den Stadtvätern ein Dorn im Auge. Schon 1934 wurde sie mit Hilfe des Reichsarbeitsdienstes zu einer Thingstätte für 7500 Personen umgebaut: Die Felswände boten eine spektakuläre Kulisse für nationalsozialistische Fackelaufmärsche. Joseph Goebbels reiste persönlich zur Eröffnung der »Feierstätte der Nordmark« im Jahre 1937.

Nach dem Krieg verfiel das überdimensionierte Freilichttheater,

2016 gab man in Bad Segeberg den Klassiker »Der Schatz im Silbersee«.

bis es ab 1952 eine neue Nutzung fand: Heute hallen Schüsse und Pferdegetrappel durch die ehemalige Kalkgrube. Als sommerliche Open-Air-Spielstätte für Adaptionen der Romane von Karl May wurde Bad Segeberg bundesweit berühmt. Die Dramen rund um Winnetou, Nscho-tschi und Old Shatterhand, komplett mit Reiterszenen und Musik, ziehen in jeder Saison rund 300 000 Besucher an.

Praktische Informationen:
Ausgeschilderte Parkplätze (Freilichtbühne/Kalkberg) am Fuß des Berges, Straße Am Kalkberg. Der Berg ist rund um die Uhr zugänglich, bitte auf den Wegen bleiben. Einige steile Treppen. Der Eingang zur Höhle befindet sich direkt neben dem Fledermauszentrum Noctalis, Oberbergstraße 27. Besichtigungen zwischen 1. April und 30. September mehrmals täglich.

Google-Koordinaten: 53.935404, 10.316787

Doppeleiche

Doppelt gemoppelt

Wedel (Kreis Pinneberg)

32 Es ist schon ein bisschen kurios: Da wird eine Eiche als politisch-patriotisches Denkmal gepflanzt und Jahrzehnte später auch noch zum Naturdenkmal ernannt. Doch der doppelte Denkmalstatus ist hier auch sehr passend, denn die Zwei ist die Schlüsselzahl bei diesem Sonderfall der schleswig-holsteinischen Botanik, der Doppeleiche.

Tatsächlich besteht die Stieleiche in der Wedeler Innenstadt aus zwei Bäumen, die durch gärtnerische Manipulation in ungefähr 25 Zentimeter Höhe zu einem Baum zusammengewachsen sind. Wer genau hinsieht, kann die Verwachsungslinie (Zwiesel) am unteren Stammabschnitt erkennen. Daher der Name Doppeleiche.

Kaisergeburtstag, Kriegsende, Jahrestag: Es ist ein alter Brauch in Deutschland, zu besonderen Anlässen eine Eiche zu pflanzen. Die Vorteile liegen auf der Hand: So ein Baum ist viel billiger als ein steinernes oder gegossenes Denkmal, niemand kritisiert die Gestaltung, er hat seit germanischer Zeit einen hohen Symbolwert (Stärke, Langlebigkeit ...), und man kann nach einigen Jahren in seinem Schatten auf Bänken sitzen.

In Deutschlands nördlichstem Bundesland ist die Doppeleiche quasi der Staatsbaum. Ihre beiden Stämme symbolisieren die beiden ehemaligen Herzogtümer Schleswig und Holstein, die sich erst nach zwei Kriegen von der dänischen Herrschaft befreien konnten.

Der Zwiesel – dicht über dem Boden.

Die Wedeler Doppeleiche erfreut sich guter Gesundheit.

Den meisten Doppeleichen ist ein Findling zugestellt mit der In-schrift »Op ewig ungedeelt« – auf ewig ungeteilt! Dies war das Mot-to der schleswig-holsteinischen Erhebung gegen die dänische Herr-schaft ab ungefähr 1840, die mit dem verlorenen ersten Krieg 1848 zunächst ein schlechtes Ende nahm. Im Schleswig-Holstein-Lied von 1840 hieß es schon »Theures Land, Du Doppeleiche / Unter einer Krone Dach« – noch heute lautet so eine Zeile der Landeshymne.

1898, zum 50. Jahrestag des ersten Krieges, schlug dann die gro-ße Stunde der Doppeleichen. In den damaligen Illustrierten fin-den sich Anzeigen von lokalen Baumschulen, die drei Meter hohe

Doppeleichen für zehn Reichsmark anboten. Eine regelrechte Doppeleichen-Pflanzwut grassierte in den Gemeinden des Landes, das nach dem zweiten deutsch-dänischen Krieg nun schon seit 1867 zu Preußen gehörte und seinen Jahrestag ungehindert feiern konnte. Mit Reden, Fahnen und Gesang wurden allerorten Bäume gepflanzt, anschließend ging die Festgesellschaft geschlossen zum Gottesdienst in die Kirche.

Der Zahn der Zeit hat die Reihen der patriotischen Gewächse schon kräftig ausgelichtet, doch es soll heute noch rund einhundert Doppeleichen in Hamburg und Schleswig-Holstein geben, von denen einige wenige wie die Wedeler Eiche auch als Naturdenkmale eingetragen sind. Im Hamburger Stadtgebiet findet man sie auf dem Rahlstedter Bahnhofsplatz ebenso wie vor dem Altonaer Rathaus. Neben der Liebermannstraße 56 in Hamburg-Othmarschen steht gar ein Exemplar, das »von den Othmarscher Jungfrauen« gestiftet wurde. Auch diese patriotischen Damen sind mittlerweile Geschichte.

Sie mögen heute nicht mehr die politische Symbolkraft von einst haben und der Patriotismus von einst mag vielen Heutigen suspekt sein, aber die Doppeleichen sind den Menschen im Norden ans Herz gewachsen. Immer mal wieder werden neue Bäume gepflanzt, zum Beispiel 2011 im Liliencron-Park in Rahlstedt. Die Bürgergilde in Neumünster hat ihre eigene Doppeleiche. Ein Mann aus Dithmarschen exportierte die Idee sogar nach Sachsen: Lorenz Eskildsen pflanzte vor seinem Haus in Wermsdorf eine Doppeleiche und ließ gar einen Findling dorthin transportieren – als Erinnerung an seine schleswig-holsteinische Heimat und als Denkmal für die deutsche Wiedervereinigung. So nehmen die Embleme der Vergangenheit immer wieder neue Bedeutung an.

Praktische Informationen:
Die Eiche steht auf einem kleinen Platz etwa 850 Meter südlich vom Bahnhof Wedel an der Kreuzung Bahnhofstraße/Bei der Doppeleiche.
Google-Koordinaten: 53.574268, 9.705608

Lange Anna

Besuchen Sie die Dame, solange sie noch steht

Helgoland (Kreis Pinneberg)

33 Helgoland – ein Hamburger Naturdenkmal? Nein, leider nicht. Aber nah dran. Zwar hatten die Hamburger im 13. Jahrhundert, als Klaus Störtebeker und seine Likedeeler ihr Unwesen auf Elbe und Nordsee trieben, Helgoland kurzfristig besetzt, aber Deutschlands einzige Hochseeinsel gehört verwaltungsrechtlich als »amtsfreie Landgemeinde« seit 1932 zum Nachbar-Landkreis Pinneberg. Zum Ausgleich gibt's von Hamburg eine auffallend schnelle Schiffsverbindung auf den roten Felsen.

»Grün ist das Land, rot ist der Rand, weiß ist der Sand – das sind die Farben von Helgoland.« Diesen Spruch kennen alle norddeutschen Schulkinder. Helgolands Untergrund bietet einen einzigartigen Einblick in die Erdgeschichte Norddeutschlands. Nirgendwo sonst in Schleswig-Holstein findet man so alte Gesteine an der Oberfläche. Der »rote Rand« ist Buntsandstein, der vor rund 220 Millionen Jahren durch Ablagerung entstand und später durch den Aufstieg eines Salzstocks aus der Tiefe bis über den Meeresspiegel geschoben wurde. Eisenoxid ist für die dominierende rote Farbe verantwortlich. Doch das aufmerksame Auge findet in den Klippen auch Einsprengsel von kupferhaltigen Mineralien: grünlichen Chrysokoll, blauen Azurit und grünen Malachit. Nach dem Aufstieg zogen Eiszeiten über den Sandsteinfelsen und hobelten die Oberfläche glatt. Es entstanden zwei Tafelberge mit Grundmoräne und Dünensand. Erst vor rund 4000 Jahren stieg der Wasserspiegel der Nordsee so stark an, dass Helgoland sich vom Festland löste. Seitdem nagen Wind, Sturm und Gezeiten mit solcher Macht an der Insel, dass sie immer wieder größere Teile verlor. In einer Sturmflut des Jahres 1711 versanken die letzten

Helgoland, friesisch »Deät Lun«, mit der »Langen Anna« im Vordergrund.

Felsen des »weißen Kliffs«, das aus weicherem Kalkstein bestand, auf immer im Meer. Heute verhindern aufwendige Seemauern und Buhnen, dass die Erosion allzu schnell fortschreitet. Doch auch sie können es nicht abwenden, dass immer wieder Teile verlorengehen.

Schlimmer als Sturm und Wasser jedoch ist der Mensch. Aufgrund seiner exponierten Lage in der Nordsee war Helgoland ein wichtiger Militärstützpunkt. Am 18. April 1945 warfen britische Bomber innerhalb von nur 104 Minuten rund 7000 Bomben auf Helgoland und machten die Insel unbewohnbar. Einige Bombentrichter sind noch heute auf dem Oberland zu erkennen. 285 Menschen starben bei dem Angriff, die Überlebenden wurden aufs Festland evakuiert und konnten ihre Insel erst 1952 wieder betreten. Der gebürtige Helgoländer James Krüss hat diese Tragödie in seinem (Kinder-)Buch »Der Leuchtturm auf den Hummerklippen« verarbeitet.

Genau zwei Jahre später, am 18. April 1947, hing Helgolands Schicksal an einem seidenen Faden. Die britische Militärbesatzung wollte ein Exempel statuieren und die Insel komplett zerstören. Unfassbare

Die »Lange Anna« im Abendlicht. Die rund 50 Meter weiter östlich liegende Spitze »Kurze Anna« entstand erst bei einem Felssturz am 31. Januar 1976.

6700 Tonnen Sprengstoff wurden in den ehemaligen deutschen Bunkeranlagen an der Südspitze deponiert und von See aus gezündet. Der Rauchpilz soll sich neun Kilometer in die Luft erhoben haben. Die Explosion zerstörte ein Sechstel der Insel und schuf neue Fakten: Seit jenem Tag bildet der Rand eines Sprengkraters auf dem Oberland Helgolands höchsten Punkt. Ein Sportlerstammtisch aus Itzehoe erfand für ihn vor einigen Jahren den Namen Pinneberg. Das gefiel der Inselverwaltung so gut, dass sie 1998 sogar ein Gipfelkreuz mit diesem Namen auf dem 61,3 Meter hohen Punkt errichtete.

Dass Helgoland letztendlich nicht völlig zerstört wurde, ist angeblich der Fürsprache einiger vogelbegeisterter britischer Offiziere zu verdanken. Sie erkannten schon damals die Bedeutung des Felsens als Rast- und Nistplatz für zahlreiche Seevögel. Tatsächlich ist Helgoland für Ornithologen vermutlich der aufregendste Ort der Welt. 432 Vogelarten wurden hier im Lauf der Jahre nachgewiesen und von den Mitarbeitern der Vogelwarte erfasst. 2014 kam sogar erstmals ein Schwarzbrauenalbatros von den fernen Falklandinseln zu Besuch.

Nur 400 Meter vom Pinneberg entfernt, steht am nordwestlichsten Punkt der Insel, für Menschen nicht zu betreten, aber vom Rundweg aus gut zu sehen, die Lange Anna zurzeit noch wacker im Wind. Die 47 Meter hohe rote Felsennadel ist das Wahrzeichen Helgolands und wirklich ein spektakuläres Naturdenkmal. Die freistehende Klippe entstand erst 1860, als eine Sturmflut die Verbindung zum Oberland wegriss. Ähnlich wie der Pinneberg bekam sie ihren Namen von den auch damals schon pfiffigen Touristen

Die Trottellumme brütet in Deutschland nur auf Helgoland.

verpasst: »Lange Anna« war eine nicht besonders dezente Anspielung auf eine sehr große Kellnerin, die in einem Café auf dem Oberland arbeitete.

Die lange Kellnerin ist längst Geschichte. Wie lange sich der Felsen noch halten kann, ist ungewiss; schon 2001 diagnostizierten die Geologen akute Einsturzgefahr bei der Langen Anna. Eine Sanierung des mürben Sandsteins wäre so teuer, dass die Helgoländer sich dagegen entschieden haben. Sie überlassen ihre berühmte alte Dame den Naturkräften und den zahlreichen Trottellummen, Dreizehenmöwen, Basstölpeln und anderen Vögeln, die hier wohnen. Wer Anna also noch mal sehen möchte, sollte sich beeilen!

Praktische Informationen:

Bitte anschnallen: Von Brücke 3/4 Hamburg-Landungsbrücken braust der High-Speed-Katamaran Halunder Jet von April bis Oktober täglich um 9 Uhr ab nach Helgoland. Für die rund 170 Kilometer lange Strecke braucht der Flitzer trotz Zwischenhalt in Wedel und Cuxhaven nicht einmal 3 Stunden.

Google-Koordinaten: 54.187939, 7.869032

»… dass mein Kopf ziemlich heiter mein Herz leidlich frey ist …«

Uetersen (Kreis Pinneberg)

34 Betritt man den Klosterhof Uetersen von Nordwesten über die Moltkestraße, so kommt man an einen Ort, an dem die Zeit stehengeblieben zu sein scheint. Ein Ensemble sorgfältig gemauerter und mit grünen Läden besteckter Backsteinhäuser aus verschiedenen Epochen tut sich auf, umgeben von romantischen Gärten. Drei mächtige Kastanien stehen nah beieinander wie eine Versammlung weiser Frauen oder wie Wächter, die den Frieden dieses Ortes schützen sollen. Ein paar Schritte weiter, im Hof des Südhauses, wölbt eine mächtige Blutbuche ihre Krone über das Dach der angrenzenden Gebäude. Noch mehrere andere als Naturdenkmal geschützte Bäume stehen auf dem Klostergelände, darunter eine Geschlitztblättrige Eiche, ein Ahorn und zwei Eschen. Zusammen mit den historischen Gebäuden bilden sie eines der bedeutendsten Kulturdenkmale des Kreises Pinneberg. Man sollte langsam gehen, um die Schönheit des Ortes auf sich wirken zu lassen. Mit etwas Fantasie wird dann auch seine Geschichte vor dem inneren Auge lebendig.

Im Jahre 1234 kamen auf Geheiß Heinrichs II. von Barmstede zwölf Zisterziensernonnen aus dem Kloster Reinbek (s. S. 188, Reinbeker Liebesbuche) hierher an das »uterst End«, das äußerste Ende der Geest. Das Kloster wuchs und gedieh, und in seinem Schatten entwickelte sich auch der Flecken Uetersen. 1555 wandelte der reformierte König Christian II. das Kloster in ein adeliges Damenstift um. Die Stiftsdamen, oder Konventualinnen, konnten also weiterhin ihr frommes Leben führen, durften das Kloster aber im Falle einer Heirat auch wieder verlassen. Das Stift besteht bis heute, wenn auch keine der sieben Stiftsdamen in Uetersen wohnt. Die früheren Wohnhäuser der

Erhabene Bäume, schauerliche Mauern: Das alte Klostergelände
steckt voller Geheimnisse.

Priorin, des Probstes und der Stiftsdamen sind heute alle für verschiedene Zwecke vermietet.

Zwischen dem Südhaus, dem letzten noch erhaltenen Klosterteil, und der 1749 geweihten barocken Kirche mit ihrem prächtigen Deckenfresko liegt der »Jungfernfriedhof« mit den Grabmalen vieler Konventualinnen und Pröbste.

Noch bis in die Mitte des 19. Jahrhunderts soll auf der Grenze zwischen Kloster und Kirchhofsmauer die Ruine einer Grabkammer gestanden haben. Im Inneren befand sich ein kupferbeschlagener Sarg – die letzte Ruhestätte des Bruders eines Mannes, der durch seine Abenteuerlust und Trunksucht viel Leid über sich und seine Familie gebracht hatte. Die Kinder Uetersens fürchteten diesen Ort, denn nachts konnte man dort durch die Mauerritzen eine klagende Stimme hören. So erzählt es jedenfalls Theodor von Kobbe in seinem historischen Schauerroman »Die Schweden im Kloster zu Uetersen« aus dem Jahre 1830. Kobbe wuchs als Enkel des Klosterprobsts in Uetersen auf und ging als Dichter der Landeshymne »Heil dir, o Oldenburg« in die politische Literaturgeschichte ein. Das »niedrige Viereck, an dem kein Ueterser ohne heilige Scheu vorbeiging«, war jedoch in Wirklichkeit nie eine Grabkammer, sondern gehörte zu denjenigen Klosterteilen, die zu Beginn des 19. Jahrhunderts wegen Baufälligkeit abgerissen wurden.

Die Friedhofsmauer ist mit Rosen bepflanzt – eine passende Wahl, denn erstens war die Rose als Symbol der Muttergottes den Zisterzienserinnen besonders heilig, und zweitens haben die beiden Rosenzuchtbetriebe Kordes und Tantau den Ort Uetersen als »Rosenstadt« weltbekannt gemacht. Die Firma Tantau ehrte das Kloster 2006 sogar mit einer Neuzüchtung: der cremefarbenen, remontierenden »Uetersener Kletterrose«. Zwei weitere Rosenzüchtungen aus demselben Hause verdankt die Stadt der berühmtesten Stiftsdame Uetersens: der Konventualin Augusta Louise Gräfin zu Stolberg-Stolberg, 1753 geboren, die im Alter von 17 Jahren, in das Haus Klosterhof Nr. 7 zog. Die lebenshungrige Tochter aus feinstem Hause unterhielt eine rege Korrespondenz mit den literarischen Größen der Zeit, unter anderen mit Friedrich Gottlieb Klopstock in Hamburg und Matthias Claudius in Wandsbek. Berühmt wurde sie jedoch durch die Brieffreundschaft mit einem Freund ihres großen Bruders Friedrich (»Fritz«) von Stolberg: Von 1775 bis 1982 korrespondierte sie mit Johann Wolfgang von Goethe. Die 15 Briefe, die er »seinem Gustgen« aus Frankfurt und später Weimar schrieb, gingen als Dokumente des Sturm und Drang in die Annalen des Dichterfürsten ein.

Einiges mutet heutzutage beinahe komisch an, so wie dieser Brief vom 28. August 1777: »Der Thau schwebt noch über dem Fluss. Lieber Engel warum müssen wir so fern von einander seyn. Ich will hinüber ans Wasser gehn und sehn ob ich ein Paar Enten schiesen kann.«

Augusta und Goethe haben sich nie persönlich kennengelernt. Ihre Briefe an Goethe sind leider, bis auf den letzten, nicht erhalten; Goethe hat sie 1797 verbrannt. Die roséfarbene Nostalgierose »Augusta Luise« (1999) und die purpurfarbene Duftedelrose »J. W. von

Der »Jungfernfriedhof« mit seinen lesenswerten Grabinschriften.

Goethe« (2009) sind Uetersens botanische Denkmale dieser Korrespondenz. Auguste verließ das Stift Uetersen nach 13 Jahren 1783 und heiratete in Kopenhagen den dänischen Staatsminister Andreas Peter Bernstorff. Auf der Gustchen-Stolberg-Promenade, die entlang des Burggrabens vom Kloster zum Vorwerk führt, kann man auf den Spuren dieser besonderen Frau wandeln. Auch hier steht, direkt am Zaun des Probstengartens, noch eine wunderbare geschützte Stieleiche.

Praktische Informationen:

Der Klosterhof liegt westlich des Zentrums von Uetersen und ist von mehreren Seiten aus zu Fuß zugänglich. Navi-Adresse: Klosterhof 1, 25436 Uetersen. Die Bushaltestelle Buttermarkt liegt direkt am Gelände (Mühlenstraße/B431), von dort geht es nach Wedel, Elmshorn und Pinneberg.

Google-Koordinaten: (der Kastanien): 53.681432, 9.655665

Koch-Eiche

Wie Geschichten entstehen

Kummerfelder Gehege (Kreis Pinneberg)

35 Als wir sie besuchen wollten, konnten wir sie zuerst nicht finden. Wir sind, trotz Karte mit richtig eingezeichnetem Standort, schlicht an ihr vorbeigelaufen. Erst auf dem Rückweg sahen wir die Koch-Eiche am Wegrand nahe der Kreuzung stehen. Ein Dickicht aus jungen Buchen hatte sie vor unseren Blicken verborgen und auch den Gedenkstein verdeckt.

Die Stieleiche ist in einem beklagenswerten Zustand. Am Stamm entlang zieht sich eine klaffende Wunde in der Rinde bis in vier oder fünf Meter Höhe empor – Ansiedlungsort für Pilze, die einen Baum im Lauf der Zeit von innen töten. Der Baum hat in den letzten Jahrzehnten mehrere mächtige Äste und damit einen Großteil seiner Krone verloren; die Bruchstellen sind am Stamm noch gut zu erkennen. Der letzte Ast liegt noch halb verrottet am Fuß des Baumes. Setzt man in Gedanken dieses verlorene Holz wieder an seinen Platz, so kann man verstehen, dass die Koch-Eiche vor noch nicht allzu langer Zeit als einer der höchsten und imposantesten Bäume im Landkreis galt.

Schwer zu finden: der Koch-Stein.

Ebenfalls schlecht erhalten ist die Inschrift in dem hellen Granitblock am Fuß des Baumes: »Koch-Eiche« steht da in fast verloschenen, ursprünglich schwarzen Buchstaben. Sonst nichts. Was hat ein Baum mitten im Forst mit einem Koch zu tun? Darüber haben sich schon so

Rund 23 Meter hoch ist die Koch-Eiche.

einige Spaziergänger Gedanken gemacht und kamen zu dem Schluss, dass hier unter dem Baum einst ein armer Koch ein tragisches Ende genommen habe. So will es zumindest Wikipedia. Vielleicht hatte er der Herrschaft schlechtes Essen vorgesetzt und war mit Schimpf und Schande davongejagt worden? Oder hatte das Mädchen, das er liebte, einen anderen genommen? Mehrere Versionen der Geschichte sind im Umlauf, doch leider ist keine davon wahr. Sosehr sich die Kummerfelder Waldspaziergänger auch ein Drama wünschen mögen: Der Stein unter der Koch-Eiche hat einen ehrenwerten und ganz und gar bodenständigen Zweck. Er erinnert an den Hegemeister (heute würden wir sagen: Revierförster) Koch, der von 1904 bis 1926 das Kummerfelder Gehege betreute. Die Sitte, Waldwege oder markante Bäume nach besonders verdienstvollen Hegern zu benennen, ist in ganz Deutschland verbreitet.

Doch damit nicht genug. Das Kummerfelder Gehege ist groß und bietet viel Raum für Missverständnisse, die ja bekanntlich der beste Nährboden für neue Sagen sind. Dazu gab Revierförster Koch in den 1960er Jahren auch noch an anderer Stelle unwillentlich den Anlass. Der damalige Kreisarchäologe entdeckte unweit der Koch-Eiche eine Steinsetzung aus Findlingen, die in seinen Karten nicht verzeichnet war. Seine Freude war groß: eine bisher unbekannte Megalith-Anlage, vermutlich aus der Jungsteinzeit! Doch der Irrtum ließ sich durch ein Gespräch mit dem damaligen Förster schnell aufklären. Die Steine waren zwar alt, aber die Anlage stammte aus dem 20. Jahrhundert. Hegemeister Koch hatte die Findlinge als Gedenkstätte für seinen Sohn aufgestellt, der im Ersten Weltkrieg gefallen war.

Über 776 Hektar zwischen Tornesch und Quickborn erstreckt sich das Flora-Fauna-Habitat (FFH)-Gebiet »Himmelmoor, Kummerfelder Gehege und angrenzende Flächen«. Es ist eine sehr ländliche Gegend. Hier verlief bis ins 19. Jahrhundert einer der »Ochsenwege« oder »Ossenpadde«, auf dem Ochsen aus Jütland zum Markt nach Wedel getrieben wurden. Ansonsten gehörte der Wald den Menschen aus der Umgebung.

Jedes Denkmal hat seine Zeit: vermodernder Abbruchast und
klaffende Wunde im Stamm der Koch-Eiche.

Einst ging eine Frau zu Fuß von Pinneberg in das rund 15 Kilometer
entfernte Barmstedt. Zwischen Kummerfeld und Thiensen wurden
ihr die Füße schwer und sie seufzte: »Ach, wenn doch ein Wagen
käme, um mich mitzunehmen, und wenn's der Teufel selber wäre!«
Und tatsächlich tauchte bald ein Wagen mit zwei kleinen Pferden
auf. Der schweigsame Kutscher ließ sie aufsteigen. Sie fuhren eine
lange Zeit, die Sonne ging unter, immer langsamer kam der Wagen
voran, und die Frau dachte, nun müsse doch bald Barmstedt kommen. »Oh, wie scheint der Mond so hell«, sagte sie in die Stille hinein. »Oh, wie fährt der Teufel schnell!«, brummte der Kutscher.
Erschrocken schaute die Frau den Mann genauer an und sah unter
seinem Mantel einen Pferdefuß hervorlugen. Entsetzt sprang sie bei
der nächsten Gelegenheit vom Wagen – und fand sich genau an der

Stelle wieder, wo der Wagen sie aufgelesen hatte. So hatte der Teufel seinen Spaß mit ihr gehabt.

Heute gibt es weder Teufel noch Ochsen in der Kummerfelder Gegend, dafür aber viel angenehme Natur, die man zu Fuß oder mit dem Fahrrad auf guten Wegen entdecken kann. Im Norden grenzt der Wald an die Bilsbek-Niederung, in deren feuchten Wiesen Feldlerche, Wiesenpieper, Neuntöter und Schwarzkehlchen brüten. Im Nordwesten liegt das Himmelmoor, das seit einigen Jahren renaturiert wird und wertvolle Rastmöglichkeit für Zugvögel bietet. Und etwa zwei Kilometer westlich des Kummerfelder Geheges lädt die Norddeutsche Gartenschau – Arboretum Ellerhoop zu einem Besuch ein. 17 Hektar Gesamtfläche warten mit seltenen Gehölzen, Stauden- und Themengärten und den berühmten Seerosen auf. In Café und Gartenshop kann man verweilen.

Ironischerweise gibt es seit einiger Zeit ausgerechnet im Kummerfelder Gehege einen Streit um das Thema Ruhe. Die Landesforsten Schleswig-Holstein möchten in einem Teilstück des Waldes einen Friedwald für Urnenbestattungen einrichten, ähnlich wie man ihn im Neukloster Forst bei Buxtehude (s. S. 157, Grenzsteine im Wald) findet. Ein Landschaftsplaner aus Hamburg protestierte: Chrom und andere Schwermetalle in der Asche der Verstorbenen könnten den Waldboden vergiften. Auch sei der Kleine Abendsegler, eine seltene hier heimische Fledermaus, durch den Friedwaldbetrieb bedroht. Wie der Streit ausgeht, ist noch offen. Ruhig bleibt es trotzdem im Wald rund um die Koch-Eiche.

Praktische Informationen:

Öffentliche Verkehrsmittel versagen hier leider, und der Teufelswagen ist auch lange fort. Zum S-Bahnhof Pinneberg sind es ca. 8 Kilometer. Von Kummerfeld kommend, fährt man den Wohldweg nach Norden bis zum Waldrand. Dort links abbiegen. Nach einigen Metern kommt eine Straßenbarriere. Die Koch-Eiche steht direkt an dieser Kreuzung hinter einem kleinen Holzzaun.

Google-Koordinaten: 53.719465, 9.806325

Grafenmord unter Bäumen

Barmstedt (Kreis Pinneberg)

36 Auch wenn die Menschen den alten Gewächsen in ihrer Nähe gern märchenhafte »tausend Jahre« andichten, ist ein so hohes Alter meist eher Wunsch als Realität. Aber immerhin: Die Stieleiche in Barmstedt hat mindestens 600, vielleicht auch 650 Jahre auf der Borke und ist damit der älteste Baum im Landkreis Pinneberg. Obwohl der Zahn der Zeit sie ausgehöhlt hat (Schutzgitter auf der Nordseite), ist sie dank der guten Behandlung durch die örtlichen Baumpfleger gesund und bringt es in einem Meter Höhe auf den stattlichen Umfang von 6,75 Metern (2011 gemessen).

Die Barmstedter Eiche steht vor der ehemaligen Schlossbrauerei Rantzau, nur wenige Schritte vom erst in den 1930er Jahren aufgestauten Rantzauer See und der Schlossinsel entfernt. So mancher hohe Herr mag im Laufe der Jahrhunderte an ihr vorbeigekommen sein, zu Fuß oder zu Pferde.

Die Geschichte der Stadt Barmstedt ist eng mit der uradeligen Familie Rantzau verbunden, die an vielen Orten im heutigen Schleswig-Holstein ihre Spuren hinterlassen hat (s. S. 175, Buche in Ahrensburg und s. S. 192, Linden in Nütschau). Ritter Christian Rantzau (1614–1663) war ein hoher Beamter im dänischen Staatsdienst. 1649 kaufte er für 200 000 Taler das Amt Barmstedt und intervenierte so lange bei Kaiser Ferdinand in Wien, bis dieser Christian 1650 in den freien Reichsgrafenstand erhob. Christian ließ das alte Barmstedter Schloss zur Residenz ausbauen und prägte selbstbewusst seine eigenen Münzen. Doch die Herrschaft der Rantzaus in Barmstedt dauerte nur 76 Jahre. Der dritte Reichsgraf, Christian Detlev zu Rantzau (1670–1721), war ein streitsüchtiger Despot, der seine Untertanen auspresste und sich mit seiner Hitzköpfigkeit auch die Gunst des dänischen Königs und des Kaisers verscherzte. Einen Aufstand der

Vitale Veteranin: Mit etwas Glück schafft es die Eiche von Barmstedt, wirklich eine »Tausendjährige« zu werden – ungefähr im Jahr 2380.

152 · Tausendjährige Eiche · Barmstedt (Kreis Pinneberg)

Barmstedter konnte er nur mit Hilfe von Truppen des Herzogs von Gottorf niederschlagen – leider besetzten die Gottorfer anschließend das Barmstedter Schloss! Die Situation wurde immer verfahrener, und auch die Übernahme der Regentschaft durch den jüngeren Bruder Wilhelm Adolf brachte die Dinge nicht mehr ins Lot. Am 10. November 1721 sank Christian Detlev auf der Jagd im Voßlocher Wald unweit des Schlosses, von einer Kugel getroffen, tot vom Pferd. Wer den tödlichen Schuss abfeuerte, ließ sich nie klären, doch Wilhelm Adolf wurde des Mordkomplotts beschuldigt und starb nach acht Jahren Festungshaft in Oslo. Da es keinen männlichen Erben gab, fiel die Grafschaft Rantzau vertragsgemäß an den dänischen König, und auch die Barmstedter Eiche wurde dänische Untertanin.

Inzwischen gehören die Bürger von Barmstedt wieder zu Deutschland – genauer gesagt: zum Landkreis Pinneberg – und können in Freiheit ihre Stadt und den schönen See, der von der Krückau gespeist wird, genießen. Im Park am Ufer finden sich noch weitere geschützte Eichen. Das Heimatmuseum auf der Schlossinsel dokumentiert die Geschichte der Reichsgrafenschaft in Barmstedt. Wer's noch authentischer mag: Das historische Schlossgefängnis nebenan lockt mit »Knastessen« unter Aufsicht und der Möglichkeit zur Eheschließung!

Praktische Informationen:
Der Baum steht auf dem Parkplatz an der Straße Rantzau, 25355 Barmstedt. Von hier sind es wenige Schritte zum Restaurant am Westufer des Rantzauer Sees und zur Schlossinsel. Vom Bahnhof Barmstedt fahren Züge des AKN nach Elmshorn und Henstedt-Ulzburg.

Google-Koordinaten: 53.784227, 9.758428

Mittelalterliche Eibe

Von frommen Fischen
und flinken Glocken

Gut Daudieck (Landkreis Stade)

37 Ein Ort wie aus der Zeit gefallen, und doch ganz zeitgemäß: Das ist Gut Daudieck. Abseits der großen Straßen stehen das Haupthaus und die ehemaligen Wirtschaftsgebäude, die heute Wohnungen sind; ein 400 Jahre altes Fachwerkensemble komplett mit Mühlteich, Backhaus, buckligem Kopfsteinpflaster und bemerkenswerten Bäumen.

Schon ein Stück vor dem Gut, an der Ecke Daudiecker Weg und Stucks Weg, findet der von Horneburg kommende Besucher eine gewaltige mehrstämmige Eiche. Eine schön gewachsene Sumpfzypresse steht am Rand des Vorplatzes und hat sicher noch ein paar Jahrhunderte vor sich. Der älteste Baum des Gutes und vermutlich der gesamten Umgebung aber ist die Eibe, die direkt rechts neben dem Gutshaus steht. Der kerngesunde, ansehnliche Baum stammt noch aus dem Mittelalter, als Daudieck zum Kloster Harsefeld gehörte. Damals lieferte das Gut den Mönchen Fische für ihre Fastentafel. 1610, nach der Reformation, kaufte der Horneburger Burgmann Berthold Schulte v. d. Lühe das Land. Er war es auch, der die heutigen Gebäude errichten ließ. Sie stehen, wie die Eibe, unter Denkmalschutz.

Das 800 Jahre alte Gut Daudieck ist heute ein lebendiger Betrieb mit naturnaher Wirtschaftsweise. Bereits vier Generationen

Grabhügel der Nekropole Daudieck aus der Zeit zwischen 1500 und 1200 v. Chr.

Die Eibe am Gutshof Daudieck ist etwa 10 Meter hoch.

der Familie Brümmel kümmern sich um 200 Hektar Acker, Wald und Grünland, die Fischteiche und die rund 200 Schweine, die im Freiland ein »schweingerechtes« Leben führen dürfen.

Eine Eichen-und-Linden-Allee säumt den uralten Weg von Daudieck nach Harsefeld und Issendorf. Wer ihm zu Fuß oder mit dem Fahrrad folgt, reist in Daudiecks älteste Vergangenheit. Zwei Großsteingräber aus der Jungsteinzeit und sieben Hügelgräber aus der Bronzezeit bilden zusammen die Nekropole Daudieck. Ein etwa zwei Kilometer langer archäologischer Wanderpfad erschließt diese Zeugnisse der ältesten Besiedlung.

Wunderschön ist auch die Wanderung von Daudieck über die blumenreichen Feuchtwiesen der Aueniederung hinüber nach Bliedersdorf. Das Dorf hat nicht nur exzellenten Spargel und eine Sammlung historischer Bauernhäuser zu bieten, sondern vor allem auch eine sagenhafte Kirche. Um 1240 ließ Ritter Iwan von Bliedersdorp das schlichte Gebäude zum Dank dafür errichten, dass er heil aus dem Kampf gegen die Stedinger Bauern zurückgekommen war. Als Material verwendete man, was man hatte: Feldsteine aus der Umgebung.

Lokale Handwerker gestalteten Kanzel und Altar, der Dorflehrer bemalte die hölzerne Decke mit Engeln und frommen Sprüchen. Und da Bliedersdorf nie groß und oft sehr arm war, hat sich die gesamte Kirche über die Jahrhunderte fast unverändert erhalten und ist dadurch heute ein Schmuckstück der niedersächsischen »Bauernromanik«.

Einmal waren die Bliedersdorfer so arm, dass sie sich gezwungen sahen, eine ihrer beiden wohlklingenden Glocken nach Bargstedt zu verkaufen. Die Männer schleppten sie unter großen Mühen vom Turm herab und wuchteten sie auf einen Wagen. Die Pferde brachten die Last nur mit allergrößter Anstrengung von der Stelle, und schon in Hohebrügge, kaum zwei Kilometer von der Kirche entfernt, hielt man erschöpft an. Das ging nicht mit rechten Dingen zu! Noch am Abend beschlossen die Männer, das Vorhaben aufzugeben. Und siehe da: Der Rücktransport ging wie von selbst; einige sagen sogar, die Glocke sei in der Nacht aus eigener Kraft nach Bliedersdorf zurückgelaufen, und man hätte am nächsten Tag überall die runden Abdrücke im Straßensand gefunden. So hängen die beiden Glocken bis heute vereint im hölzernen Glockenturm von St. Katharinen in Bliedersdorf.

Praktische Informationen:
Die Eibe steht direkt rechts neben dem Gutshaus auf Privatgrund, kann aber vom Weg aus betrachtet werden. Die Nekropole Daudieck ist zu Fuß oder mit dem Fahrrad direkt vom Gut aus über eine beeindruckende Eichenallee erreichbar (Sandweg, ca. 2 Kilometer); Autofahrer nehmen die L123 von Horneburg nach Issendorf und folgen dort den braunen Schildern.

Google-Koordinaten: 53.498141, 9.555142

Grenzsteine

Ruhen unterm Blätterdach

Neukloster Forst (Landkreis Stade)

38 Westlich der historischen Hansestadt Buxtehude erstreckt sich auf einer Fläche von 323 Hektar der Neukloster Forst – einer der ältesten und schönsten Wälder zwischen Elbe und Weser und der größte Buchenbestand in diesem Gebiet. Die Täler von Mühlenbach und Ilsbach durchziehen das Gelände, das an manchen Stellen für Nordlichter ungewohnt steil verläuft. Zahlreiche Säugetiere, rund 60 Vogelarten und über 350 Arten Blütenpflanzen und Farne haben in diesem abwechslungsreichen Gelände ihr Zuhause. Doch auch die Menschen haben hier bemerkenswerte Spuren hinterlassen. Seit frühester Zeit nutzten sie den hoch auf der Stader Geest gelegenen Wald. Er bot ihnen Schutz, Nahrung und einen Ort für ihre Toten.

Im Jahr 1296 wurde dort, wo heute die Kirche des modernen Ortes Neukloster steht, das Benediktinerinnenkloster Bredenbeck gegründet. Es erhielt bald den Namen Neukloster, denn die Nonnen wurden vom seit 1196 bestehenden Kloster in Buxtehude hierher entsandt. Während das Altkloster in der Stadt im 14. Jahrhundert zu einem der bedeutendsten und reichsten Nonnenkonvente an der Niederelbe wurde, litten die Schwestern im neuen Kloster unter großer Armut. 1454 vermeldet die Stadtchronik, dass auf den Stader Jahrmärkten bettelnde Nonnen angetroffen wurden.

Aus dieser Zeit stammen vermutlich die Grenzsteine, die die Grenze zwischen dem Forst von Neukloster und dem Buxtehuder Wald markierten. Der Wald war im Mittelalter eine wichtige Viehweide und Holz ein wertvolles Wirtschaftsgut. Immer wieder kam es daher zu Grenzstreitereien zwischen dem neuen und dem alten Kloster sowie den weltlichen Herren, der Familie von Borch, die auf der Horneburg residierten. Wie viele Steine die Äbtissin von Neukloster damals setzen ließ, um ihr Revier zu markieren, ist heute ebenso wenig

Wer findet die meisten? Die Suche nach den Kreuzsteinen macht auch Kindern Spaß.

bekannt wie der genaue Zeitpunkt. Auch wissen wir nicht, ob der berüchtigte »Isern Hinnerk«, Heinrich von Borch, der als Raubritter im 14. Jahrhundert die Gegend in Angst und Schrecken versetzte, auch den frommen Frauen von Neukloster Schwierigkeiten bereitet hat. Doch haben sich immerhin – und das ist eine Seltenheit – 15 Steine an ihren ursprünglichen Standorten erhalten. Es handelt sich um unbehauene Findlinge, die mit einem griechischen Kreuz (vier gleich lange Arme) gezeichnet sind. Viele von ihnen kann man auf einem Spaziergang entlang des Wilhelm-Cohrs-Wegs (benannt nach einem Haumeister, der sich in den 1970er Jahren sehr für den Erhalt des Waldes einsetzte) entdecken.

1499 brannte die Schwarze Garde der Herzöge von Sachsen-Lauenburg beide Klöster nieder. Sie wurden im Folgejahr wieder aufgebaut. Nach dem Ende des Dreißigjährigen Krieges 1648 (Buxtehude war unter schwedischer Herrschaft) wurden sowohl das alte als auch das neue Kloster säkularisiert, ihre Besitztümer fielen an die Krone. Jedoch war der neue Herr, der schwedische Bischof, verpflichtet, die im Kloster lebenden Personen bis zu ihrem Tode zu unterhalten. Die beiden letzten Nonnen starben in den Jahren 1700 und 1705. Vielleicht sind es diese beiden einsamen Frauen, Überbleibsel einer vergangenen Epoche, an die die Sage von der Nonneneiche am westlichen Rand des heutigen Neukloster Forstes erinnert. Zwei Nonnen, so erzählte man sich, hätten sich dort einst ewige Treue geschworen. Nach ihrem Tod verwandelten sie sich in die beiden verschlungenen Stämme einer Eiche. Heute, über 300 Jahre und einige Blitzschläge später, steht von dem einstmals mächtigen Baum leider nur noch der Stumpf.

Ein Spaziergang unter dem Blätterdach des Waldes von Neukloster ist auch eine Reise durch vier Epochen europäischer Begräbniskultur. Die ältesten Grabstätten sind Großsteingräber aus der Trichterbecherkultur um 4000 vor Christus. Zahlreiche weitere Grabhügel (insgesamt sind 73 erhalten) stammen aus der älteren Bronzezeit (1600–1200 vor Christus). Grabstätten aus jüngerer Zeit findet man

Gedenken unterm Blätterdach: »Kapelle« im Friedwald.

auf dem historischen Friedhof der Synagogengemeinde Horneburg
(1839 bis 1929) und dem aus den 1950er Jahren stammenden Kriegs-
gräberfriedhof. Im November 2006 schließlich wurde auf 77 Hektar
des Neukloster Forstes ein überkonfessioneller Friedwald eingerichtet. Unter ausgewählten Bäumen in diesem besonders schönen Teil
des Waldes ist Platz für Urnenbestattungen von Einzelpersonen, Paa-
ren oder auch ganzen Familien.

Im weiter westlich gelegenen Nottendorfer Wald, der historisch
auch zum Neukloster Forst gehört, findet man das Grab des Hamburger Medizinprofessors Hans Much, dem Erfinder der Spalt-Tablette.
Der Nottendorfer Wald befindet sich seit dem Aussterben derer von
Borch im Jahre 1502 im Besitz der Familie von Düring, ist aber zum
größten Teil frei zugänglich.

Praktische Informationen:
Beim Waldparkplatz am Neukloster Forstweg beginnt der Wanderweg; die
Standorte der Steine und auch der Nonneneiche sind auf der dortigen Infotafel
eingezeichnet.

Google-Koordinaten (Parkplatz): 53.475718, 9.638236

Rosskastanien

Ein Spaziergang für gesunde Venen

Stade-Altstadt (Landkreis Stade)

39 Eine echte Primadonna, diese Rosskastanie! Sie ist die Nummer 00001 im 12 000 Einträge umfassenden Baumkataster des Landkreises Stade und seit 1954 eingetragenes Naturdenkmal. Dabei ist sie mit ihren ca. 150 Jahren keine besonders ehrwürdige Vertreterin ihrer Art; Kastanien (auf Lateinisch Aesculus hippocastanum) können bis zu 300 Jahre alt werden. Nein, die Poleposition in der Stader Baumwelt ist wohl dem privilegierten Standort geschuldet. Der Baum steht auf einem kleinen Platz direkt hinter dem Alten Rathaus, hat also den direkten Draht zur Verwaltung. Im Sommer können die Gäste des Ratskellers in ihrem Schatten schmausen und das hausgemachte Gertruden-Bräu probieren. Das Bier ist frisch, aber das Braufass steht in einem gotischen Gewölbe – Relikt des ersten, um 1279 erbauten Stader Rathauses. Der obere Teil verbrannte im großen Feuer von 1659, wurde 1667/68 von den Schweden an derselben Stelle im barocken Stil neu errichtet und lockt mit seiner historischen Inneneinrichtung heute zahlreiche Besucher an.

Gleich nördlich des Rathauses, nur durch einen kleinen Hof getrennt, steht die Kirche Ss. Cosmae et Damiani, eine der beiden verbliebenen Hauptkirchen der Stadt, die in ihren Ursprüngen bis ins 10. Jahrhundert zurückreicht. Benannt ist sie nach zwei syrischen Ärzten und Märtyrern aus dem späten 2. Jahrhundert. Cosmas und Damian waren Zwillinge und wurden von ihrer Mutter Theodora in der antiken Heilkunst unterrichtet. Die beiden »heiligen Geldverächter« heilten viele Menschen, nahmen aber kein Geld für ihre Dienste an. Damit bekehrten sie zahlreiche Menschen zum Christentum. Einer Legende nach sollen sie die erste Beintransplantation der Geschichte durchgeführt haben. Sie wurden im Jahr 303 in Aigeai (dem heutigen Yumurtalık) am Golf von Issos hingerichtet.

Sicherlich kannten Cosmas und Damian die heilenden Wirkungen der Rosskastanie, denn der Baum stammt vom Balkan. Die glänzenden großen Samen enthalten Bitter- und Gerbstoffe und mehr als 30 Saponine, die als Wirkstoff Aescin bei Erkrankungen der Beinvenen und bei Sportverletzungen eingesetzt werden.

Die Kirche Ss. Cosmae et Damiani wurde mehrfach umgebaut und beherbergt heute einen bedeutenden barocken Altar und eine Arp-Schnitger-Orgel. Berühmt ist sie wegen ihres achteckigen Vierungsturms, der 1684 nach einem Brand neu aufgesetzt wurde. 187 Stufen führen nach oben zur Aussichtsplattform. Bei klarem Wetter kann man über die Stader Altstadt bis zum Hamburger Hafen sehen.

Links neben der Kirchentür, fast in Blickweite ihrer großen Schwester, steht eine weitere Kastanie, die zwar kein Naturdenkmal ist, dafür aber eine Geschichte erzählen kann. Dieser Baum wurde zu Beginn des Zweiten Weltkriegs von einem jungen Hamburger namens

Die Schlichting-Kastanie vor der Cosmaekirche, links der Eingang zur Hökergasse 16.

Die große Kastanie hinter dem Alten Rathaus, im Hintergrund die Cosmaekirche.

Werner Schlichting gepflanzt. Seine Großmutter wohnte direkt um die Kirchenecke in der Hökergasse 16 und betrieb in dem Haus einen Hefehandel. Werner besuchte seine Oma oft. Bei seinem letzten Besuch hatte er gerade seinen Einberufungsbefehl für die Wehrmacht erhalten und pflanzte diese Kastanie. Er war 21 Jahre alt. 1943 ist er gefallen. Er konnte nicht miterleben, wie seine Kastanie sich zu einem großen und stattlichen Baum entwickelte.

Die Tafel, die vor dem Baum an der Kirche steht, gehört zu dem Projekt »Stader Baumpfad«, das vor einigen Jahren von der Umweltstelle der Stadt Stade initiiert wurde. Auf der Website www.stadtstade.info gibt es Wissenswertes zu 25 sehenswerten Bäumen der alten Hansestadt. Warum also nicht einmal auf Baumspuren durch die Fachwerkgassen der Altstadt und über die alten Befestigungsanlagen wandeln? Vielleicht kommen Sie dabei ja auch am Pferdemarkt vorbei, wo Sie zwei weitere große, denkmalgeschützte Kastanien bewundern können. Sie stehen zwischen der (ausnahmsweise nicht historischen) Sparkasse und dem Zeughaus, das auf den Fundamenten der St. Georgskirche aus dem 12. Jahrhundert steht. Schräg gegenüber sitzt ein bronzener Fischer an einem kleinen Wasserbecken und hält Zwiesprache mit einem Butt – die Szene aus dem berühmten Märchen »Von dem Fischer un syner Fru« von Philipp Otto Runge passt gut in eine Stadt, die mit Fischen reich wurde. Sollten Sie an einem Mittag im Juni hier vorbeikommen, könnte es sein, dass Sie Zeuge eines großen Spektakels werden: Die frisch gebackenen Stader Abiturienten feiern ihre erlangte Reife mit ausgiebigem Geplantsche im Brunnen.

Praktische Informationen:
Die »Ratskeller-Kastanie« steht an der Straße Hinterm Hagedorn.
Google-Koordinaten: 53.601446, 9.476817

Landgewinn und Landverlust

Kollmar-Bielenberg (Kreis Steinburg)

40 Eine sechs Meter hohe Düne – das klingt zunächst nicht allzu spektakulär. Doch wenn die Düne direkt hinter dem Elbdeich steht, dann können diese sechs Meter über Leben oder Tod entscheiden. Der Bielenberg in der Gemeinde Kollmar in der Kremper Marsch südlich von Glückstadt ist ein Lebensretter. Die Sanddüne aus der vorletzten Eiszeit hat bis jetzt noch jeder Sturmflut getrotzt, auch der, in der die beiden geschützten Braken an seinem Fuße entstanden. Der stolze Hof auf seinem Gipfel war und ist der Zufluchtsort der Bielenberger in schlimmen Nächten.

Bielenberg: Im Westen fließt die Elbe, doch das Baden ist wegen der Strömung lebensgefährlich. Man sieht bis rüber nach Krautsand im Landkreis Stade. Die großen Schiffe fahren dicht am Ufer vorbei.

In Bielenberg heißen sie Braken, andernorts nennt man sie Bracken oder Bracks – doch sie alle sind durch Deichbruch entstandene Binnenseen.

Die Infotafel an der Brake 2 erinnert an die 87 Toten der Flut von 1756.

Touristen trinken Kaffee beim winzigen Hafen unterhalb des Sperrwerks der Langenhalsener Wettern, die die Marsch entwässert. Es folgt der mächtige Elbdeich, von Schafen in Form gehalten, davor die Straße mit einer Reihe von Häusern und Höfen. Nach Osten erstreckt sich die weite Marsch bis nach Elmshorn.

Zwei Kilometer ist die Elbe hier breit und macht eine kleine Biegung nach Norden. Im Mittelalter floss der Strom einige hundert Meter weiter südlich. Wo heute Containerriesen durch die 15 Meter tiefe Fahrrinne gleiten, lagen mehrere kleine Dörfer, von denen eines, Asfleth, sogar eine Kirche hatte. Sie waren noch nicht eingedeicht (der Deich bei Kollmar wurde erst um 1500 vollendet), sondern die Häuser lagen vermutlich auf kleinen Dünen, ähnlich dem Bielenberg. Als sich die Elbströmung im Hochmittelalter veränderte, verlagerte der Fluss sein Bett immer weiter nach Norden. Das niedersächsische Ufer gewann, was das schleswig-holsteinische Ufer verlor. Das Wasser hat sich die Dörfer nach und nach geholt. Asfleth wurde 1354 das letzte Mal urkundlich erwähnt.

Blick über die Brake auf den Elbdeich – möge er stets standhalten.

Ein Aal soll damals den Pastor von Asfleth und seine Köchin gerettet haben. Die Köchin fand den quicklebendigen Fisch eines Morgens in der Asche des Küchenherdes. Der Pastor, von ihrem Schrei herbeigerufen, sah in dem Fund ein böses Omen, ließ eilig alles Hab und Gut auf Wagen laden und floh mit der Köchin aus dem Dorf. Die Bauern sollen noch über ihn gelacht haben. Am nächsten Morgen aber war das Dorf verschwunden.

Wenn Sturm und Flut zusammen von der Nordsee flussaufwärts drücken, treffen ihre gewaltigen Kräfte mit voller Wucht auf den Bielenberger Deich. In der Nacht vom 11. auf den 12. September 1751 hielt er dem Wasser nicht stand. Der Deich brach zwischen Bielenberg und Kollmar an 15 Stellen, die Schleuse und acht Häuser wurden von den Fluten weggerissen, die Marsch stand unter Wasser. Die verzweifelten Bielenberger forderten von den benachbarten Deichgemeinden Nothilfe an, wie es das Spadelandsrecht von 1438 gebot. Doch nicht alle Nachbarn kamen zur Hilfe. Vor allem die Bauern aus Klein-Kollmar weigerten sich, ihren Anteil der Arbeit zu übernehmen. Es kam zu einem Streit zwischen dem örtlichen Deichgrafen, den Bauern, Gutsherren und dem Oberdeichgrafen, der mehrere Gerichte über Jahre beschäftigte und die Deichreparatur immer wieder zum Stillstand brachte.

Fünf Jahre später, als noch nicht alle Schäden von 1751 beseitigt waren, stieg das Wasser erneut. Die Flut vom 7. Oktober 1756 dann war eine Jahrhundertflut, die Tod und Verzweiflung bis nach Hamburg brachte (s. S. 39, Gutsbrack in Francop). Schon am Mittag ließ der Kommandant der Festung Glücksburg Kanonen abfeuern, um die Marschbewohner zu warnen. Vergeblich – die Deiche brachen an vielen Stellen. Das Wasser stieg auf 4,30 Meter über die übliche Flutmarke und soll so schnell in die Marsch geflossen sein, dass es war, »als wenn Tonnen gerollt wurden«. In Bielenberg brach der Deich nicht einfach, sondern wurde auf einer Länge von 500 Metern nördlich der Schleuse komplett weggespült. Mannshoch sollen die Wellen gewesen sein, die über die Deichkrone schlugen.

Die Jahrhundertflut spülte am Fuß des Bielenbergs auch mehrere bis zu sechs Meter tiefe Braken aus. Zwei davon sind bis heute erhalten und erinnern als Naturdenkmale an diese furchtbare Katastrophe.

Die Bewohner, die sich auf den Bielenberg retten konnten, kamen mit dem Leben davon. Doch die etwas weiter nördlich gelegene Düne wurde samt des darauf stehenden Hofes einfach weggespült. Der Sand dieser Düne bedeckte später, zusammen mit dem aus den Braken ausgespülten Sand, eine Fläche von zehn Hektar und machte das Land »fielig«, das heißt weniger fruchtbar.

Allein in Kollmar starben 87 Menschen. Vier Wochen stand die ganze Marsch bis an die Geestkante unter Wasser. Ebbe und Flut konnten sich ungehindert auswirken. Alle Stege und Wege der Marsch waren zerstört, nur auf dem Wasserweg konnte man über das Land kommen.

Wieder forderten Bielenberger Nothilfe bei ihren Nachbarn an, doch wieder gab es Streit, und die Arbeiten wurden boykottiert. Erst gegen Neujahr war der Deich notdürftig geschlossen. Doch schon drei Monate später, am 24. März 1757, schlug das Wasser erneut zu, brach an einer noch nicht ganz aufgedeichten Stelle durch und überflutete die Marsch erneut. Diesmal blieb das Wasser bis Mai stehen, was zu erheblichen Ernteausfällen führte.

Die Bielenberger haben diese und noch viele folgende Sturmfluten ertragen und überlebt. Inzwischen ist der Deich hier hoch und stark und widerstand sogar – wenn auch um Haaresbreite – der letzten großen Flut von 1962. Die Braken sind durch Einschüttungen heute deutlich kleiner als im 18. Jahrhundert. Aber ganz verschwinden werden sie wohl nicht. Ein kleiner Rast- und Gedenkplatz an der Straße bei Brake 2 erinnert heute an die Sturmflut von 1751.

Praktische Informationen:
Brake 1 liegt direkt an der Straße auf dem Grundstück des Bielenberger »Berg«-Hofes gegenüber der Auffahrt zum Hafen, Brake 2 liegt 50 Meter weiter nördlich auf dem Grundstück der Häuser Bielenberg 37–41, 25377 Kollmar. Beide Braken sind von der Straße bzw. vom Elbdeich aus gut zu sehen. Parken auf dem Vorland am Hafen Bielenberg. Bus 6521 fährt dreimal täglich nach Glückstadt bzw. Elmshorn. Zum Bahnhof Glückstadt sind es ca. 5 Kilometer.

Google-Koordinaten: 53.748088, 9.437922 und 53.749547, 9.436350

Die 43 Eichen am Bredenbeker Teich

Kein Honig, dafür Erdbeeren

Ahrensburg (Kreis Stormarn)

41 Wenn man vom jüdischen Friedhof in Ahrensburg dem Wulfsdorfer Weg nach Südwesten in Richtung Gut Wulfsdorf folgt, lässt man die kleinstädtische Bebauung unmittelbar hinter sich und taucht ein in eine Zauberwelt.

Zwei Pflanzenwelten liegen hier neben- oder besser: übereinander, denn der Weg quert von hier bis zur Straße Sahlmannsberg auf einem künstlichen Damm das Quelltal des Bredenbek. Längs des Damms stehen von Menschen angepflanzte Eichen, die über dem Weg ein geschlossenes Blätterdach bilden. 43 Bäume sind hier 1987 unter Naturdenkmalschutz gestellt worden. Nur einige von ihnen tragen die gelbe Eule. Ob sie noch alle da sind? Gezählt habe ich sie nicht. Wichtiger als die Zahl ist die Frage nach ihrer Funktion. Die ist nicht

Vertreter der 43 geschützten Eichen.

ganz klar. Wurden sie als Allee gepflanzt? Dem widerspricht, dass der Weg ohnehin durch einen schattigen Wald führt. Waren sie »Überhälter«, also diejenigen Bäume einer Wallhecke (Knick), die beim turnusmäßigen »Knicken« nicht gefällt wurden? Dagegen spricht, dass links und rechts gar keine Koppeln lagen, die durch einen Knick abgetrennt werden mussten. Am wahrscheinlichsten ist wohl, dass die Eichen zur Befestigung des Dammes gepflanzt wurden. Ihre Wurzeln sollten das etwa drei Meter hohe Erdwerk stabil halten. Immerhin mussten hier schwere Erntefuhrwerke entlangfahren.

Vom Eichendamm aus schaut man hinunter und mitten hinein in den so genannten Neuen Teich. Aus diesem sumpfigen Waldstück erhält der Bredenbek, der »breite Bach«, das erste Wasser für seinen 8 Kilometer langen Lauf, bis er schließlich im Rodenbeker Quellental bei Ohlstedt in die Alster mündet. Es lohnt sich, hier eine Weile zu stehen und einfach nur in dieses lichte Grün zu schauen. Typische Bruchwaldbäume wie Erlen und Birken wachsen hier. Totholz, mit Moos überwachsen, modert still vor sich hin. Farne, Seggen und

Der Bredenbeker Teich – ein Paradies für Naturfreunde.

Simsen bilden Horste zwischen den Wassertümpeln. Auch weniger gern gesehene Neophyten wie das Indische Springkraut und der Riesenknöterich versuchen, in dem schwarzen, nassen Grund Wurzeln zu schlagen.

Am Ende des Dammes führt ein Rad- und Wanderweg nach rechts entlang des Bredenbeker Teiches. Schon um 1500 wurde das klare Wasser des Bredenbek hier zur Fischhaltung aufgestaut. Die Fischrechte besaßen ursprünglich die Zisterzienserinnen vom Kloster Reinbek (s. S. 188, »Leben und Lieben an der Bille«) – zumindest bis 1578, als der neue Ahrensburger Herr, Peter Rantzau, sich alle Ländereien der Gegend unter den Nagel riss.

Mit seinen 35 Hektar Wasserfläche und bis zu drei Metern Tiefe ist der Bredenbeker Teich eigentlich schon ein respektabler kleiner See. Am westlichen, naturnahen Ufer kann man an ihm entlangspazieren, Tiere beobachten und im Sommer beim Campingplatz an der Nordseite ein erlaubtes Bad nehmen. Auf dem Ostufer hat der Ahrensburger Golfclub sein Revier.

»So hören Sie: Kennen Sie die alten Linden beim Schloss? Hinter ihnen ziehen sich viele Blumenwiesen hin und endlich kommt ein großer See. Im Seewinkel im Süden, wo der Bach einmündet, stehen in der Sonne die weißen Seerosen im Wasser. Dort im Schilf wohnt Schnuck ...« Einer hartnäckigen Legende zufolge war der Bredenbeker Teich die Inspirationsquelle für Waldemar Bonsels' weltberühmten Naturroman »Die Biene Maja und ihre Abenteuer« aus dem Jahr 1912. Immerhin kam Bonsels 1880 in Ahrensburg auf die Welt. Doch sein Vater, ein Apotheker, zog mit der Familie fort, als der kleine Jakob Ernst Waldemar gerade vier Jahre alt war. Insofern kann der Bredenbeker Teich keinen literarischen Ritterschlag für sich verbuchen. Vielleicht ist das auch ganz gut so, denn Bonsels, der einer der populärsten Autoren der Weimarer Republik war, gab sich ab 1933 offen antisemitisch und wurde Mitglied der Reichsschrifttumskammer. Er starb 1952 in seiner Villa in Ambach am Starnberger See.

Wem das Wasser hier also zu braun ist, der fährt oder spaziert von

Markante Eiche direkt an der Brücke über den Bredenbek.

den 43 Eichen noch einen Kilometer weiter den Wulfsdorfer Weg entlang zum Demeter-Gut Wulfsdorf, das auf eine fast 800-jährige Geschichte zurückblickt. In dieser spielten auch Peter Rantzau und seine Nachfahren eine eher unrühmliche Rolle, indem sie die vormals freien Bauern in die Leibeigenschaft zwangen. Doch das ist lange her, zum Glück. Im 20. Jahrhundert mauserte sich Wulfsdorf zu einem Zentrum der naturwissenschaftlichen Forschung. Das Botanische Institut der Universität Hamburg hat hier seit 1929 ein Versuchsfeld. Von 1948 bis 1968 gesellte sich die Forschungsstelle der Max-Planck-Gesellschaft dazu. Ihr Leiter, der Botaniker Reinhold von Sengbusch, war einer der wichtigsten Nutzpflanzenzüchter Deutschlands und machte sich zunächst einen Namen bei der Erforschung der Süßlupine. In den 1950er Jahren entwickelte er hier vor den Toren Hamburgs eine der erfolgreichsten deutschen Erdbeersorten: die berühmte, nach ihm benannte Senga Sengana.

Seit 1989 wirtschaftet das 400 Hektar große Staatsgut nach den Demeter-Richtlinien für biodynamischen Landbau. In seinen leicht verwitterten Jugendstilgebäuden beherbergt es zahlreiche Rinder und Schweine. Ein moderner Hofladen mit Café bietet alles, was das Bio-Herz begehrt. Das ehemalige Herrenhaus ist als Haus der Natur der Öffentlichkeit zugänglich, ebenso wie der große, als Naturerlebnisraum gestaltete Park mit seinen Teichen und eindrucksvollen Bäumen.

Praktische Informationen:
Von der U-Bahn-Station Ahrensburg-West (Linie U1) sind es ca. 15 Minuten Fußweg bis zu den Eichen. Alternativ: Bus 569 vom Bahnhof Ahrensburg bis zur Haltestelle Weißdornweg, von dort ca. 3 Minuten Fußweg.
Gut Wulfsdorf und Haus der Natur: Bornkampsweg 39, 22926 Ahrensburg. Von der U-Bahn-Station Buchenkamp (U1) sind es etwa 15 Minuten zu Fuß.

Google-Koordinaten: Eichen: 53.669694, 10.205456

Schlitzblättrige Buche im Schlosspark

Margret und Emilie

Ahrensburg (Kreis Stormarn)

42 Natur oder Kultur? Schön, wenn man sich mal nicht entscheiden muss. Im Ahrensburger Schlosspark ist beides aufs Schönste vereint.

Beginnen wir mit der Kultur. Schwanenweiß leuchtet das Renaissance-Wasserschloss schon von fern, umgeben von weiten Rasenflächen im englischen Stil und von lächelnden Löwen bewacht. Peter Rantzau, Amtmann von Flensburg und Mitglied des einflussreichen Rantzau-Clans (s. S. 151, Barmstedter Eiche und s. S. 192, Linden von Nütschau), erbte das Land von seinem früh verstorbenen Bruder. Der Graf war in der Wahl der Mittel nicht zimperlich, machte die bis dahin freien Bauern zu Leibeigenen und ließ sich von ihnen die Steine für ein viertürmiges Herrenhaus heranschaffen. Als es 1585 fertig war, wurde es wegen seiner Prächtigkeit von früh an als Schloss bezeichnet.

Peter Rantzau starb 1602. Seine zweite Frau Margarethe übernahm nun die Herrschaft über das Schloss und die Gerichtsbarkeit

Das Ahrensburger Schloss ist ein sogenanntes Mehrfachhaus.

Die Schlitzblättrige Buche ist auch im Regen schön und bietet dann unter ihren Zweigen ein trockenes Versteck.

in Ahrensburg. Die prunksüchtige Gräfin, die als »De dull Margret« in die Stadtgeschichte einging, war eine überaus strenge Herrin, die auch nicht vor gelegentlichen Todesurteilen zurückschreckte. Im Schloss erdachte sie sich sadistische Strafen für ihre Dienerinnen: Hatte ein Mädchen das Garn nicht gut genug gesponnen, band sie ihm den Flachsfaden um die Finger und zündete ihn an. Als die verhasste Margret 1629 endlich starb, soll ihr Sarg mit sieben Schlössern versehen worden sein, damit sie auch ja nicht zurückkomme. Untersuchungen in der Gruft der Schlosskirche zeigten aber vor einigen Jahren, dass es keine Schlösser, wohl aber reichen Grabschmuck gab.

Nach dem Ende des »goldenen Rantzau'schen Zeitalters« gelangte das Schloss 1759 in den Besitz der Familie Schimmelmann, die unter anderem durch Sklavenhandel märchenhaft reich geworden war. Heute gehört das Schmuckstück einer privaten Stiftung und kann besichtigt werden – aber kommen Sie nicht an einem Freitag, denn da ist das Märchenschloss für Märchen-Trauungen reserviert.

Die Blätter der veredelten Schlitzblättrigen Buche (oben) sind schmal und gekerbt; die Wildtriebe tragen die ursprünglichen Buchenblätter (unten).

Wer genug von der Kultur hat, dreht einfach dem Schloss den Rücken zu und blickt direkt auf ein Naturdenkmal und eine botanische Kostbarkeit, die des Ortes wahrhaft würdig ist. Ein luftiges Massiv aus Zweigen und unzähligen Blättern erhebt sich da, vom Boden bis zur Spitze rund 23 Meter hoch und mit einem kaum geringeren Kronendurchmesser von rund 18 Metern: eine Schlitz- oder Farnblättrige Buche (Fagus sylvatica »Asplenifolia«). Es ist eine seltene Verwandte unserer heimischen Rotbuche und die größte und schönste ihrer Art weit und breit. Ihre Blätter sind länglich und mehrfach gebuchtet. Suchen Sie die kleine Lücke im Gezweig, wo das Naturdenkmalschild steht, und treten Sie ein in eine grüne Grotte. Die Mittelsäule des mächtigen Stammes (rund 4,50 Meter Umfang) verzweigt sich in vier Metern Höhe zu einem bizarren Schirm von großen Ästen, von denen viele auf den Boden reichen und sich dort wieder bewurzelt haben. Eine »Laube« im wahrsten Sinne des Wortes, wo man vor Blicken und dem norddeutschen Sommerregen perfekt geschützt ist.

Der ungewöhnlich dichte Blattaustrieb an den inneren Hauptästen weckt Assoziationen mit dem tropischen Regenwald.

Graf Ernst Schimmelmann ließ die Schlossinsel um das Jahr 1855 zu einem englischen Landschaftspark umgestalten und mit kostbaren Einzelbäumen bepflanzen. Sein Landschaftsgärtner war dabei übrigens niemand Geringeres als Johann Heinrich Ohlendorff, der den ersten Botanischen Garten in Hamburg einrichtete und auch den Jenischpark neu gestaltete. Die Ahrensburger Schlitzblättrige Buche stammt aus seiner Zeit, ist also rund 170 Jahre alt. Wie alle ihrer Art, ist sie botanisch gesehen eine Chimäre, d. h. durch Pfropfung auf eine Unterlage (in diesem Fall: Rotbuche, Fagus sylvatica) entstanden.

Nach ausgiebiger Bewunderung der Federbuche sollten Sie unbedingt auch die Schlosskirche besuchen. Unterwegs kommen Sie noch an einer stattlichen Blutbuche mit rotem Laub vorbei, einer der Modebäume des späten 19. Jahrhunderts.

Peter Rantzau baute die Schlosskirche zeitgleich mit dem Schloss und bestimmte sie als Grabstätte für seine Familie. 1596 wurde die Kirche geweiht. Eine Tafel über dem Eingang ruft die Untertanen im strengen Tone zur Gottesfurcht auf. Die Kirche mit der himmelblauen Decke, den geschnitzten »Grafenlogen« und dem goldenen Taufengel ist wie das Schloss ein beliebter Ort für Trauungen.

Seit der Eröffnung des neuen Ahrensburger Friedhofs 1883 sind hinter der Schlosskirche nur noch wenige Grabstätten verblieben. Mehrere Steine erinnern an die Schlossbesitzerfamilie Schimmelmann. Und dann gibt es da noch ein ganz mit Efeu bewachsenes, von einem Gitter eingefasstes Grab mit einer winzigen Tafel.

> »Emiliens Grab – da blieb ich stehn,
> War nichts andres drauf zu sehn,
> Weder Bibelwort, Zeit, noch Familienname,
> Nur einzig stand drauf, wie eine Brosame:
> Emiliens Grab.
> Das fiel mir auf und ging mir ins Blut;
> Mein Gott, wer war sie, die hier ruht?«

So heißt es in dem Gedicht von Detlev von Liliencron, das 1905 in der Zeitschrift »Die Jugend« erschien. Ein »steinalt Mütterlein«, das er in der Nähe des Grabes traf, erzählte ihm von der jungen, naiven Emilie, die von einem Mann unter falschen Versprechungen nach Süddeutschland gelockt wurde und

Doppelter Genitiv – fast ausgestorben.

dort fast zugrunde ging. Mittellos und voller Gram kehrte sie zu ihrer Mutter nach Ahrensburg zurück und starb bald vor Kummer.

> »Die Mutter, von Haß und Wut ganz besessen,
> Wollt ihres Eidams Namen vergessen,
> Hat ein Kreuz ihr gesetzt, als sich das begab,
> Steht weiter nichts drauf als:
> Emiliens Grab.«

Der Dichter hat sich bei dieser wahren Geschichte ein paar Freiheiten erlaubt. Emilie Ruchmann, geborene Trittau, war von ihrem Mann nicht bis nach Süddeutschland, sondern nur ins nahe Bramstedt gelockt worden. Doch auch der Norddeutsche hatte mit Land geprahlt, das er nicht besaß, und er war auch sonst ein Liederjan. Emilie starb am 29. April 1835 im Alter von 26 Jahren, nur vier Wochen nach der Geburt ihres Sohnes. Ihre Mutter Johanna wollte nicht, dass der Name des verhassten Schwiegersohnes ihr Andenken überschattete, und so bekam Emilie nur eine Tafel mit der Inschrift »Emiliens Grab«, die dann 1869 zu »Emiliens und ihrer Mutter Grab« erweitert wurde.

Auch Detlev von Liliencron (1844–1909) führte ein für damalige Standards liederliches Leben. Aus Kieler Kapitänsadel stammend, zeitlebens ein Militarist und Frauenheld, musste er seine Offizierskarriere wegen Spielschulden abbrechen, wanderte nach Amerika aus und wieder zurück, war einige Zeit Landvogt auf Pellworm und hielt sich und seine wechselnden Familien als Schriftsteller, Vortragsredner und Kabarettist über Wasser. Von 1891–1901 wohnte er in Altona, wo er mit Richard Dehmel und Gustav Falke befreundet war. Eine Tafel an der Palmaille 100 erinnert an ihn. Seine letzte Wohnung war in Alt-Rahlstedt, wo er auch begraben liegt. Nach Ahrensburg führte ihn eine vorübergehende Tätigkeit als Gerichtsschöffe.

Obwohl Liliencron selbst zugab, dass er wegen seines ewigen Geldmangels oft schnell und schlampig dichtete, fand seine »neuromantisch« genannte Lyrik zu seinen Lebzeiten viele prominente Bewunderer, darunter Rainer Maria Rilke und Karl Kraus. Die Kritiker des 20. Jahrhunderts taten ihn oft als zweitklassig ab, doch wird er in den letzten Jahren wieder neu bewertet. »Emiliens Grab« mag kein Meisterwerk sein, aber es brachte dem Ahrensburger Schlossfriedhof eine zusätzliche Attraktion ein.

Und noch eine Anekdote, in der Kultur und Natur sich aneinanderschmiegen: Liliencron war viele Jahre mit dem Ahrensburger Naturforscher Johann Heinrich Flögel (1834–1918) befreundet und stand im Briefwechsel mit ihm. Flögels naturwissenschaftlicher Nachlass im Hamburger Naturkundemuseum wurde 1943 durch Bomben zerstört. Doch vor einigen Jahren fand man im Keller seines Hauses in Ahrensburg einen etwas angeweichten Karton mit Fotos aus dem Jahr 1879. Sie entpuppten sich als die ältesten erhaltenen Fotografien von Schneeflocken weltweit und machten Flögel postum weltberühmt. Vielleicht hat Detlev von Liliencron bei seinen Besuchen in Ahrensburg nicht nur Emiliens Grab, sondern auch diese Bilder gesehen?

Praktische Informationen:
Schloss Ahrensburg, Lübecker Straße 1, 22926 Ahrensburg. Schlosskirche Ahrensburg: Am Alten Markt 7, 22926 Ahrensburg

Google-Koordinaten der Buche: 53.680655, 10.239665

Von Gletschern und teuflischen Schätzen

Grabau (Kreis Stormarn)

43 Der Klingberg hat Weitblick. 77 Meter hoch ragt er über das Land zwischen Grabau und Groß Niendorf, etwa 10 Kilometer östlich von Bad Oldesloe. Die Gletscher der letzten (Weichsel-)Eiszeit, die bis ca. 10 000 v. u. Z. dauerte, reichten nicht bis zu seinem Gipfel. Nunataks nennen die Inuit und die Geologen solche Berge, die aus dem Gletschereis herausgucken wie kleine Inseln.

Irgendwann schmolz das Eis, und die Menschen kamen. Ein großer Findling auf dem Gipfel des Klingbergs soll in alten Zeiten ein Heiligtum gewesen sein; auf dem Feld unterhalb des Berges entstand ein Gräberfeld. Die Denkmalliste des Landes Schleswig-Holstein bezeichnet die Grabauer Gräber als »besonders gut erhaltene Exemplare einer epocheübergreifenden Bestattungssitte« und identifiziert

Wie kleine Inseln liegen die Grabhügel in den Feldern westlich von Grabau.

Weiter Blick vom Klingberg auf das Grabauer Gräberfeld.

sie als Nekropole, die von der späten Jungsteinzeit (ca. 3700 v. u. Z.) bis in die frühe Bronzezeit (ca. 1300 v. u. Z.) genutzt wurde. Von ursprünglich rund 40 Gräbern existieren heute nur noch neun, die in vier baumbestandenen Hügeln liegen. Die anderen wurden untergepflügt oder als Baumaterial weggeschafft. Auch der Kultplatz auf dem Klingberg ist verschwunden; der Findling wurde vermutlich um 1200 zerschlagen und für den Bau der Sülfelder Kirche verwendet.

Eine Tafel an der Ringstraße erzählt die Sage von der goldenen Wiege. Das kostbare Stück lag im größten der Grabhügel vergraben, und die Legende besagte, dass es nur zur Mitternacht und schweigend zu bergen sei. Vier arme Männer aus Grabau schaufelten die ganze Nacht und zogen die Wiege schließlich mühsam an einem Seil empor. Da verhakte sie sich an einer Baumwurzel. »Wat is dat swor!«, stöhnte einer der vier, und oh weh: Schwefeldampf erfüllte die Nacht, und die goldene Wiege versank für alle Zeiten in der Tiefe. Gut möglich, dass der Teufel seine krumme Pfote dabei im Spiel gehabt hat! Bis zur Ankunft der aufgeklärten Archäologen des schleswig-holsteinischen Landesamtes hat daher angeblich nie wieder ein Grabungsversuch in Grabau stattgefunden. Die vier Schatzgräber wurden für lange Zeit zum Gespött der Gegend.

Das Motiv der goldenen Wiege im Königsgrab findet sich häufig in Norddeutschland. So soll ein Bauer Hansen in Großhansdorf ähnliches Pech gehabt haben wie unsere vier Grabauer. An der Heimfelder Straße in Harburg gab es ab 1893 bis in die 1930er Jahre das Ausflugslokal Goldene Wiege. Im Garten hinter dem Haus lagen drei Hügelgräber, von denen eines auch eine goldene Wiege bergen sollte. Lokal und Gräber gibt es nicht mehr, aber ein Straßenname erinnert noch daran. Auch am Wohlenberg bei Leiferde (Nähe Gifhorn) hat sich Ähnliches zugetragen, und die Gemeinde hat die Szene sogar in einem Bronzedenkmal darstellen lassen.

Die Gemeinde Grabau hat zwei weitere Naturdenkmale zu bieten: eine ca. 500 Meter lange, prächtige Eichenallee entlang der L226 vor dem westlichen Ortseingang sowie den 2001 mit lokalen Fundstücken angelegten Findlingsgarten im Ortsteil Hoherdamm auf der Südseite des Grabauer Sees (Am Bahnhof).

Google-Koordinaten des Gräberfeldes: ca. 53.807810, 10.260228 (rechts der L226 von Grabau in Richtung Westen). Die Gräber liegen auf privatem Ackerland; bitte nur mit Respekt betreten. Vom Parkplatz beim Fernsehturm auf dem Klingberg (von der L226 rechts abbiegen Richtung Neverstaven) hat man eine gute Aussicht (53.818952, 10.254164).

Wie der Schmied zu Reichtum kam

Ammersbek (Kreis Stormarn)

44 In Ammersbek, nur eine halbe U-Bahn-Stunde vom Hauptbahnhof entfernt, zeigt sich der Speckgürtel Hamburgs von seiner freundlichsten Seite. Die Häuser sind klein und gepflegt. Hinter den alten, von Eichen bewachsenen Feldwegen reift das Korn. Ponys und Pferde grasen auf den Weiden, von Mädchen in Reitkluft andächtig umhegt. Und über all dem Frieden erhebt sich ein grüner Buckel. Das ist der Schüberg mit seiner Mütze aus hohen alten Buchen. 63 Meter ist er hoch und nach Aussage der Geologen sowohl ein »Stauchmoränenwall« als auch – sprachlich viel schöner – ein »Nunatak«, was in der Eskimosprache »vom Gletscher umflossener Berg« bedeutet. So oder so besteht der Schüberg aus eiszeitlichem Sand und Kies. Sein Name leitet sich von »Schaar« = steiler Hang ab. Und tatsächlich waren seine Flanken zu steil und der Boden zu unfruchtbar, um darauf Landwirtschaft zu betreiben, und so blieb der Schüberg bis etwa 1800 Teil der Allmende. Im Mittelalter holzte man den ursprünglichen Baumbestand ab, danach breiteten sich Heide und Buschwerk aus und der Berg diente den ansässigen Bauern als Viehweide. Noch heute findet man an einigen Stellen Horste von Maiglöckchen und Schattenblume – Überreste der ursprünglichen Waldvegetation. Im Zuge der Verkopplung, der großen Agrarreform in Schleswig-Holstein ab ca. 1780, fiel der Schüberg in den Besitz des adligen Gutes Hoisbüttel. Manche der alten Buchen, die heute den Berg beschatten, stammen noch aus der Aufforstung dieser Zeit.

Zu der Zeit, als der Berg noch allen gehörte, kam eines Abends ein Schmiedegeselle auf seinem Weg von Hamburg nach Lübeck in die Gegend. In Hoisbüttel fand er keine Herberge, und so zog er weiter

Der Schüberg – vom Volksdorfer Weg aus gesehen.

über den einsamen Feldweg. Da begegnete ihm in der Dämmerung ein Mann, der eine altmodische Tracht trug. »Seid Ihr ein Schmied und könnt Pferde beschlagen?«, fragte der. Der Schmied bejahte, und der Mann gebot ihm, ihm zu folgen. Er führte ihn durch einen unterirdischen Gang bis tief unter den Schüberg. Dort standen über hundert Pferde in einem weiten Rund. Und in der nächsten Halle konnte der Schmied ein Heer von Rittern in blitzenden Rüstungen sehen, die alle in tiefem Schlaf lagen. »Beschlag die Pferde neu«, sagte der Mann, »aber sei vorsichtig, dass du dabei kein Wort sprichst!« Die ganze Nacht arbeitete der Schmied, Hammer und Zange flogen wie von selbst, und am anderen Morgen hatte er die große Arbeit vollbracht. Zum Lohn gab sein Führer ihm die abgeschlagenen Eisen mit. Er packte sie in seinen Rucksack und machte sich wieder auf den Weg. Doch die Hufeisen wogen immer schwerer, so dass er sich entschloss, einen Teil abzuwerfen. Als er den Rucksack öffnete, waren sie alle zu reinem Silber geworden, und er konnte sich in Lübeck eine schöne Werkstatt einrichten.

Das schlafende Heer ist seit diesem Tag nie wieder gesichtet worden, so dass man davon ausgehen muss, dass die Ritter noch immer im Schüberg vor sich hin schnarchen. Woher sie kamen und welche Mission sie nach Ammersbek geführt hat, ist nicht bekannt. Allerdings taucht der Topos des schlafenden Heeres an vielen Orten und zu vielen Zeiten auf; die Kyffhäusersage ist die bekannteste. Aber auch die Tschechen haben ein schlafendes Heer im böhmischen Blaník, welches das Vaterland in höchster Not erretten soll.

1987 wurde der Schüberg unter Naturdenkmalschutz gestellt. Und das war gut so. Um ein Haar wäre er nämlich (mitsamt dem Heer) verschwunden, so wie sein geologischer Bruder, der Tannenberg. Der war ebenfalls eine Kies- und Sandmoräne, und man hat ihn nach dem Zweiten Weltkrieg innerhalb weniger Jahre bis zu zwei Meter unterhalb des Bodenniveaus abgetragen. Sein Sand wurde für den Hamburger Wiederaufbau gebraucht. Als der Tannenberg gänzlich ausgebeutet war, füllte man das Loch mit Bombentrümmern aus der Hansestadt auf und planierte das Gelände. Heute ist hier der Bredenbeker Reit- und Fahrverein zuhause.

Weiß man um den verschwundenen Tannenberg, versteht man den Sinn von Naturschutz wieder ein bisschen besser. Die Ammersbeker lieben ihren Berg, haben im Schatten seiner hohen Bäume schon viele Feste gefeiert. Obwohl das Gelände nur rund 1,5 Hektar groß ist, ist der Schüberg doch ein ernstzunehmendes Wandergebiet mit steilen Wegen und bizarr geformten alten Bäumen, ein Paradies für Kinder, Jogger, Geheimnissucher und Spechte. Doch lassen Sie sich nicht auf die falsche Fährte bringen: Der Findlingskreis auf dem Gipfel des Berges ist kein »uralter germanischer Kraftort«, sondern besteht aus Steinen, die beim Bau der vierten Elbtunnelröhre gefunden wurden. Sie sollen demonstrieren, wie die Landoberfläche nach dem Ende der letzten Eiszeit ausgesehen hat. Zum Beklettern taugen sie natürlich auch.

Am westlichen Fuße des Schübergs, schon auf dem Gelände des evangelischen Tagungshauses Haus am Schüberg, liegen mehrere

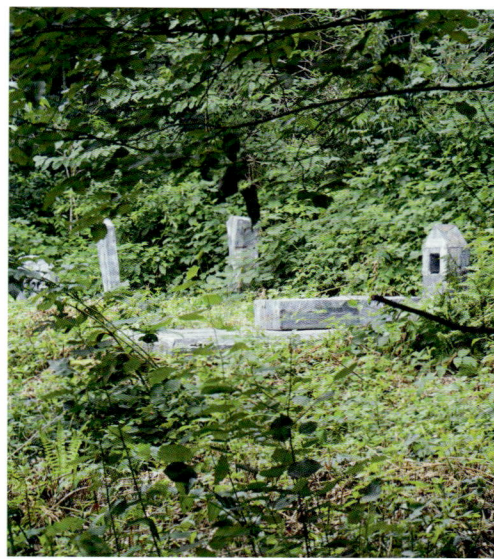

Wichtelhöhle im Baum und Gräber für verschollene Figuren:
Auf dem Schüberg ist Platz für viele Wesen.

seltsame, mit Zinkblech beschlagene Grabmale. Wer hat hier seine letzte Ruhe gefunden? Man liest Namen von Weltruhm: Effi Briest, Anna Karenina, Werther, Gregor Samsa – allesamt tragische Romanfiguren, die in ihren Werken nicht ordentlich beerdigt wurden. Der Bremer Künstler Uwe Schloen hat ihnen in seinem »Friedhof der literarischen Gestalten« endlich eine letzte Ruhestätte gegeben. Der Friedhof ist Teil des Skulpturenparks, der sich über den großen, wunderschönen Garten des gastfreundlichen Hauses erstreckt.

Praktische Informationen:
Ausgeschilderter Wanderparkplatz am Ende der Straße Schübargredder, 22949 Ammersbek. Nächste Bushaltestelle: Ammersbek Rathaus, von dort 10 Minuten Fußweg. Zur U-Bahn-Station Hoisbüttel (U1) sind es etwa 3 Kilometer.

Google-Koordinaten:53.687339, 10.175030

Liebeseiche und vielstämmiger Lebensbaum
Leben und Lieben an der Bille
Reinbek (Kreis Stormarn)

45 »An de Alster, an de Elbe, an de Bill / Dor kann jeder eener mo-
ken, wat he will« – so heißt es in dem beliebten Hamburger Volks-
lied von Artur Schulenburg aus dem Jahr 1946. Doch leider haben
Lieder nicht immer Recht. Tatsächlich war die Bille, Hamburgs dritt-
berühmtester Fluss, Schauplatz einer tragischen Geschichte von zwei
Liebenden, die eben nicht machen konnten, was sie wollten.

Es war im Jahr 1811, mitten in der »Franzosenzeit«. Die napo-
leonischen Besatzer verbreiteten in Norddeutschland Unruhe und
Schrecken, das Volk litt unter Abgaben, Einquartierungen und Be-
schlagnahmungen. In Reinbek war zu jener Zeit der Amtmann von
Lowtzow im Dienste des dänischen Königshauses für die Geschicke
seines Amtsgebietes zuständig. Mit viel diplomatischem Fingerspit-
zengefühl versuchte er, den Schaden durch die französische Besatzung so klein wie möglich zu halten. Sein jüngster Sohn Carl Friedrich Emil wuchs im Reinbeker Schloss auf und sollte Soldat werden.
Schon damals war die Bille direkt südlich des Schlosses zum Mühlenteich aufgestaut. Eine Korn- und eine Walkmühle wurden mit der
Wasserkraft betrieben. Die Tochter des Müllers Flickwier, Caroline
Mathilde, war etwas jünger als Carl und wunderschön. Es kam, wie
es kommen musste: Die Nachbarskinder verliebten sich ineinander,
wollten heiraten. Doch die gerade erst sechzehnjährige Caroline war
nicht adelig, und ihr Vater hatte wirtschaftliche Schwierigkeiten; der
neunzehnjährige Carl sollte als Leutnant im Dienste der Franzosen
nach Russland ziehen und militärische Karriere machen. In dieser
Zeit wogen die Interessen der Familie schwerer als die Wünsche der
Kinder, und so kam es zum folgenschweren Entschluss: Der Amtmann verweigerte den beiden die Zustimmung zur Hochzeit.

Am Abend des 8. Juli 1811 fand ein Fest auf dem Schloss statt, doch

Carl und Caroline war nicht nach Tanzen zumute. Die beiden verzweifelten Liebenden wanderten eine Viertelstunde die Bille flussaufwärts bis zum noch heute existierenden Wald Vorwerksbusch. Dort ritzten sie ihre Namen in eine Buche am Ufer und gingen ins Wasser. Ihre Leichen wurden am nächsten Tag weiter flussabwärts gefunden. Auf dem Kirchhof von Steinbek hat man sie in ein gemeinsames Grab gelegt.

Die tragische Liebesgeschichte wird noch heute in Reinbek erzählt, und die Buche am Billeufer, wo die beiden vermutlich ins Wasser gingen, war mit Sicherheit noch bis 1919 als Liebesbuche bekannt. Heute existiert sie nicht mehr. Doch einige der wunderschönen Bäume im Reinbeker Schlosspark können sich vielleicht noch an Carl und Caroline erinnern. Der Park ist ein regelrechtes kleines Arboretum mit einer kleinen Lindenallee und vielen schönen Einzelbäumen.

Der Reinbeker Mühlenteich ist stattlich genug, um auch als Schlossteich zu fungieren.

Anders als Carl und Caroline darf die Thuja tun, was sie will: nämlich wachsen.

Der mächtige vierzehnstämmige Lebensbaum (Thuja plicata) neben dem Wasserbecken gilt manchen als Reinbeks ältester Baum. Einige behaupten, dass er über 800 Jahre alt sei. Wäre das wahr, dann hätte er schon vor der Gründung des Zisterzienserinnenklosters Reinbek im Jahre 1250 hier an seinem Fleck gestanden und viel erlebt und gesehen. Leider stimmt diese Behauptung aber nicht, sondern ist, wie so oft, nur der Größe des Baums geschuldet. Der Reinbeker Baum wurde erst nach 1850 gepflanzt. Aber wie auch immer: Dieser beeindruckende Baumriese mit seinen mächtigen Stammarmen ist zu Recht ein Naturdenkmal und versöhnt uns mit den Tausenden von öden Thuja-Hecken, die man aus bundesdeutschen Vorgärten kennt. An warmen Tagen kann man unter seinen vielfachen Verzweigungen wie in einer duftenden Höhle verweilen. Doch Vorsicht: Wie alle Thujen enthält auch dieser Baum in seinen Zweigen das Nervengift Thujon.

Die Stelle der verschwundenen Liebesbuche an der Bille hat ein anderes Reinbeker Baumdenkmal eingenommen, wenn auch eines aus einer ganz anderen Art: Die »Schöne Eiche« an der Loddenallee im Krähenwald, etwa einen Kilometer flussabwärts, trägt seit einigen Jahren den Beinamen Liebeseiche. Rund 300 Jahre alt ist die Stieleiche und mit ihren 20 Metern Höhe und einem Stammumfang von 4,70 Metern durchaus ein Garant für Beständigkeit, zumindest über ein Menschenleben. Das Naturdenkmal steht in Sichtweite der Bille in einem lichten Buchenwald, in dem der Bund Reinbek/Wohltorf einen kleinen Baumlehrpfad angelegt hat.

Die Reinbeker Liebeseiche.

Praktische Informationen:

Das Reinbeker Schloss mit Lustgarten und Mühlenteich liegen direkt südlich des S-Bahnhofs Reinbek. Zur Liebeseiche sind es zu Fuß vom Bahnhof entlang des Bille-Wanderwegs etwa 20 Minuten. Alternative: Vom Hotel Waldhaus Reinbek (Loddenallee 2, öffentlicher Parkplatz) führt ein breiter Waldweg direkt zum Baum (ca. 400 Meter).

Google-Koordinaten:

Lebensbaum: 53.507300, 10.254637
Liebeseiche 53.504113, 10.238158

Lindenallee

» … eines der angenehmsten Güter in Holstein … «

Nütschau (Kreis Stormarn)

46 Sechzig hohe alte Bäume bilden die Allee entlang der Schlossstraße von Nütschau, die auch die Hauptstraße ist in diesem Gutsdorf nördlich des Brennermoors bei Bad Oldesloe. Um das Jahr 1800 wurde sie angelegt und ist bis auf wenige Nachpflanzungen noch intakt. Die Gärtner von damals sparten an den Zwischenräumen, so dass die Bäume keine breiten Kronen ausbildeten, sondern in die Höhe strebten. Die Allee führt direkt am Kloster Nütschau vorbei mit seinem markanten Renaissance-»Schloss« und den Klostergebäuden aus den 1970er und 1990er Jahren. Von jenseits des Lärmschutzwalls hört man das Brausen der Autos auf der A1 nach Hamburg und Lübeck.

Die gastlichen Benediktinermönche, die das Gut Nütschau seit 1951 bewohnen, sind die bisher letzten in einer bunten Kette von Besitzern und Bewohnern, die von Kriegen, Seuchen, Wirtschaftskrisen, Rechtsstreitigkeiten, Konkursen und Nachfolgeproblemen begleitet wurden. Prominente wie Wilhelm von Humboldt und Philipp Otto Runge waren zu Gast auf Nütschau; Franzosen, Dänen und Kosaken lagen hier im Quartier. Nütschau war über mehrere Jahrhunderte die Heimat von adligen und großbürgerlichen Familien – darunter die von Moltkes aus Dänemark und die Drägers aus Lübeck – und ihren zahlreichen Arbeitern und Angestellten. Im 20. Jahrhundert diente das Gut unter anderem als Kibbuz-Vorbereitungsschule, Napola-Quartier (Nationalpolitische Erziehungsanstalt), Kriegslazarett und Jugendheim. Und um den Reigen komplett zu machen, spukte auf Nütschau auch ein Schlossgespenst.

Die dokumentierte Geschichte Nütschaus beginnt, wie so vieles in diesem Landstrich, mit der Familie Rantzau. Noch dazu im

192 · Lindenallee · Nütschau (Kreis Stormarn)

Die Lindenallee in Nütschau, links die Klostermauer und der Zugang
zum Bildungshaus St. Ansgar.

»rantzauischen Zeitalter«, wie Historiker die Epoche der größten Macht der Familie zwischen Reformation und Dreißigjährigem
Krieg getauft haben. Die Rantzaus der damaligen Zeit gehörten zum
holsteinischen Superadel, waren reich, gebildet und pflegten engste
Kontakte zum dänischen Königshaus und zum Kaiser persönlich.
Heinrich Rantzau, dänischer Statthalter in Holstein, kaufte das Gut
um 1570 für seine Frau Christina von Halle, die vier Tonnen Gold in
die Ehe brachte und ihm zwölf Kinder gebar. Er ließ die mittelalterliche Burg abreißen und baute ein schlossähnliches »Dreihaus« im
Stil der Renaissance. Heinrichs Cousin Peter Rantzau kopierte das
Modell wenige Jahre später für sein »Schloss« im nahen Ahrensburg
(s. S. 175, schlitzblättrige Buche von Ahrensburg). 1577 zogen Heinrich und Christina auf Nütschau ein und sie und ihre Nachfahren
herrschten hier bis 1642.

Auf Nütschau erzählte man lange von einer weißen Frau, die auf
dem Gut umherging. Beim Bau des Schlosses habe man ein junges
Mädchen lebendig eingemauert; ein solches Opfer sollte vor feind-
lichen Angriffen schützen. Der Geist der Ermordeten konnte keine

Ruhe finden. Manche wollen eine blonde Frau mit hartem Blick gesehen haben, die Punkt zwölf Uhr Mitternacht auf einem weißen Pferd über die Zugbrücke ins Schloss galoppierte, dort wendete und auf demselben Weg wieder verschwand. Andere sagten, sie sei zu Fuß im Schloss unterwegs und spuke vor allem an Kehrtagen im Küchenschornstein. Zum Schutz des Personals wurde im Küchenkamin eine Eisenstange mit einem Hängeschloss angebracht, damit die weiße Frau nicht auf diesem Weg ins Haus gelangte.

Aberglaube oder grausige Wahrheit? Im Jahre 1921 bestätigte Rudolph Freiherr von Seydlitz-Kurzbach auf Nachfragen der »Hamburger Nachrichten«, dass um 1850, als sein Großvater im Besitz von Nütschau war, bei einem Mauerdurchbruch im zweiten Stock ein Hohlraum entdeckt worden war. In der winzigen Kammer fanden die Männer ein weibliches Gerippe, das mit einer Kette an die Wand geschmiedet war, sowie einen Wasserkrug und ein Paar halbseidene Pantoffeln. Das Gerippe zerfiel zu Staub, die Schuhe wurden noch lange unter Glas aufbewahrt. Vielleicht war mit der Mauer auch der Spuk gebrochen. Jedenfalls ist die weiße Frau seit vielen Jahren nicht mehr auf Nütschau gesehen worden.

Lorenz Booth, Herr auf Nütschau von 1873 bis zu seinem Tode 1887, mag sich schon an der Lindenallee erfreut haben. Vielleicht hat er sie, als er den Park im Stil der Zeit neu anlegte, auch professionell beschneiden lassen. Immerhin war er der Enkel von James Booth, dem schottischen Baumschulgärtner, der vom fortschrittlichen Baron von Voght nach Hamburg-Flottbek gelockt worden war, um dort die Gartenkunst, und besonders Gehölze und Gemüse, zu verbessern. James Booths Gartenbaubetrieb westlich des Jenischparks war so erfolgreich, dass er immer mehr Aufträge an Pinneberger und Halstebeker Gärtner vergeben konnte. Heute ist der Raum Pinneberg das größte Baumschulgebiet Europas. Auch Johannes von Ehren, der Begründer der Baumschule Lorenz von Ehren – heute in Hamburg-Marmstorf einer der größten Betriebe seiner Art Europas –, war ein Lehrling von James Booth.

Der heilige Ansgar gilt als »Apostel des Nordens«. Er starb im Jahr 865 in Bremen.

1918, während die Arbeiter in Berlin mit Massenprotesten und Streiks für die Beendigung des Ersten Weltkriegs kämpften, kaufte der Lübecker Ingenieur D. Bernhard Dräger Gut Nütschau vom preußischen Regierungsrat Dr. Robert Curtius. Drägers Vater hatte mit der Erfindung von Druckventilen und einem Narkosegerät den Grundstein des Familienvermögens gelegt. Die Drägers leiteten das Gut mit viel persönlichem Einsatz, mussten Nütschau während der Weltwirtschaftskrise 1932 jedoch verkaufen, weil das Werk in Lübeck sie zu sehr beanspruchte. Ihre Nachfolger, Leo Schuster und sein Sohn John, führten an der Hamburger Straße in Hamburg ein großes Haushaltswarengeschäft. Nur ein Jahr nach dem Kauf kamen die Nationalsozialisten an die Macht, und die Schusters wurden, da sie jüdischen Glaubens waren, systematisch um ihr Geschäft und ihr Vermögen gebracht. 1935 mussten sie das Geschäft einem »Arier« überschreiben. 1936 stellte John Schuster der zionistischen Hachschara Räume auf Nütschau zur Verfügung. Auswanderungswillige junge Jüdinnen und Juden wurden hier bis 1938 auf ein Leben im Kibbuz vorbereitet, lernten vor allem die Grundlagen der Landwirtschaft. Im Herbst 1938 wurde John Schuster von der Gestapo verhaftet und verbrachte einen Monat im KZ Sachsenhausen. Sein Besitz wurde konfisziert, und er kam nur frei, weil er sich zur Auswanderung bereit erklärte. Schon 1937 war die Familie seiner Frau nach Uruguay geflohen. Am 13. Januar 1939 ging die Familie Schuster in Hamburg an Bord des Dampfers »General Osorno« mit Kurs auf Montevideo und rettete damit ihr nacktes Leben.

Der Zweite Weltkrieg entwurzelte viele. Schleswig-Holstein nahm Tausende Flüchtlinge aus dem Osten auf, darunter viele Katholiken. Während Nütschaus Felder von Quecke und Brennnessel überwuchert wurden und Evakuierte und später Jugendliche im Schloss einquartiert waren, lebten die Schusters in Uruguay in bitterer Armut. Der gesundheitlich schwer angeschlagene John Schuster lieh sich nach dem Krieg das Geld für eine Reise nach Deutschland. Nur mit Mühe gelang es ihm, seine Ansprüche auf Wiedergutmachung durchzusetzen. Die letzten gerichtlichen Auseinandersetzungen zogen sich noch bis 1963 hin. Doch im Februar 1951 konnte John Schuster als wieder eingesetzter Besitzer das Gut Nütschau an das Bistum Osnabrück verkaufen, das zu jener Zeit auch Schleswig-Holstein umfasste. Die Mönche des von den Nazis zerschlagenen Benediktinerklosters Gerleve bei Münster fanden hier eine neue Heimat und bauten das Gut behutsam zum Kloster St. Ansgar um. Seit 1971 liegt hinter der Lindenallee eine Stätte der Besinnung, Bildung und Begegnung für Erwachsene und Jugendliche – katholisch, aber ausdrücklich nicht nur für Katholiken. Beim Gebet oder Gottesdienst, auf Seminaren als Tages- oder Wochengast kann man das Leben der Benediktiner kennenlernen. Ein Buchladen mit kleinem Café ist täglich geöffnet. Die Umgebung bietet viel Gelegenheit für meditative Spaziergänge zu den Resten einer slawischen Ringburg an der Travebrücke oder durch das Naturschutzgebiet Brennermoor mit seinen seltenen Salzpflanzen.

Praktische Informationen:
Kloster Nütschau, Schloßstraße 26, 23843 Travenbrück

Google-Koordinaten: 53.823341, 10.325321

Mennolinde

Ein guter Ort
für den Lebensabend

Altfresenburg bei Bad Oldesloe (Kreis Stormarn)

47 Wenn jemand in Norddeutschland »menno« sagt, dann immer mit einem Ausrufezeichen. »Menno!« bedeutet: Hey, lass das! Das gefällt mir nicht! In besonders schlimmen Fällen kann man das Wort sogar auf drei Silben dehnen: »Men-nO-o!« Dann weiß das Gegenüber, dass hier gleich ein Kragen platzt.

Diese deutsche Verballhornung des französischen »mais non!« – »aber nein!« entstand nach dem Zweiten Weltkrieg wohl unter dem Einfluss der französischen Besatzung. Sogar in den Duden hat es das saloppe Wort geschafft. Und steht dort Seite an Seite mit dem Wort »Mennonit«. Ein schöner Zufall, denn die beiden haben von linguistischer Warte nichts miteinander zu tun. Inhaltlich aber kann man eine Brücke schlagen: Auch Menno Simons, der Begründer der Mennoniten, hatte in seinem Leben ein Menge Ärger.

Um das Jahr 1496 kam Menno in Witmarsum in Westfriesland in den Niederlanden zur Welt. Es war eine Zeit des Umbruchs. Westlich des Atlantiks war eine neue Welt entdeckt worden, Kopernikus schaute in die Sterne. Dank des Buchdrucks konnte man Wissen auch außerhalb von Klostermauern erwerben. Und die allmächtige katholische Kirche verlor durch Pfründe- und Ablasshandel immer mehr an Glaubwürdigkeit.

Der junge Menno studierte Theologie in Utrecht und wurde 1524 zum Priester geweiht – sieben Jahre, nachdem Martin Luther in Wittenberg seine Thesen angeschlagen und damit den Weg frei gemacht hatte nicht nur für Glaubenskriege und Verfolgungen, sondern vor allem für ein radikales Neudenken des Christentums. Auch der Vikar Menno Simons wurde vom reformatorischen Geist ergriffen.

Lindenblüten sind ein traditionelles Mittel bei vielen Krankheitsbeschwerden.

1536 legte er sein Priesteramt nieder und schloss sich der Täuferbewegung an, wurde kurze Zeit später zum Bischof ernannt. Dieser »linke Flügel der Reformation«, dem Luthers Reformation nicht weit genug ging, entstand ab 1520 unter anderem in Zürich, Straßburg und Karlstadt. Die verschiedenen Täufergruppen führten untereinander erbitterte Dispute, waren sich aber in den Kernpunkten einig. Sie alle forderten eine evangelische Kirche nach urchristlichem Vorbild, eine »Gemeinschaft der Gläubigen«, die auf dem freien Willen der einzelnen Gemeindemitglieder gründete. Daher tauften sie nur Erwachsene, die dies wirklich wünschten. Außerdem waren sie, in treuer Befolgung der Bergpredigt, strikte Pazifisten und weigerten sich, Eide zu schwören oder öffentliche Ämter zu übernehmen. All das machte sie in den Augen der Herrschenden (sowohl der katholischen als auch der lutherischen) mehr als verdächtig. Täufer und Täuferprediger wurden trotz ihres ausgesprochen bescheidenen und frommen Lebenswandels vielerorts verfolgt, eingesperrt, manchmal sogar hingerichtet.

Die Mennolinde überragt die Gedächtnisstätte für Menno Simons um ein Vielfaches.

Als Bischof der norddeutschen Täufergemeinden führte Menno Simons ein unstetes Leben. 1542 erließ Kaiser Karl V. in Rom ein Edikt, das jeden, der Schriften von Menno Simons besaß oder ihn unterstützte, mit dem Tode bedrohte. Ein Kopfgeld von 100 Gulden wurde auf seinen Namen ausgesetzt. Menno lebte einige Zeit in Köln, musste aber nach dem Wechsel des Bischofs die Stadt verlassen. Viel Zeit verbrachte er in Holstein, später wirkte er in Danzig und Wismar.

Einige Überlieferungen zeigen den Menschen Menno Simons in einem sehr sympathischen Licht. Eines Tages, so wird in Mennonitenkreisen heute noch erzählt, predigte Menno in einem Lagerraum. Damit die Menge ihn besser verstehen konnte, kletterte er auf ein Sirupfass. Als die verbotene Versammlung gestürmt wurde, fiel Menno in das Fass. Um ihm zur Flucht zu verhelfen – so heißt es –, leckten ihm die anwesenden Frauen den Sirup ab. Dies ist der Grund, warum der Verzehr von Süßigkeiten bis heute in der mennonitischen Gemeinde toleriert wird.

Eine andere Überlieferung erzählt, dass Menno eines Tages auf dem Außensitz einer Kutsche unterwegs war. Büttel hielten die Kutsche an und fragten ihn, ob sich der gesuchte Menno Simons unter den Reisenden in der Kutsche befände. Menno steckte den Kopf ins Innere der Kutsche und gab die Frage weiter – die im Innern verneinten wahrheitsgemäß. Die Büttel ließen daraufhin die Kutsche weiterfahren. Mit dieser »mennonitischen Lüge« schuf Menno ein Modell für seine Schäfchen, wie man Verfolgung entgeht, ohne der Wahrheit untreu zu werden.

1555 zwang ein Edikt der norddeutschen Hansestädte die dort ansässigen Mennoniten zur Flucht. Auch Menno musste Wismar verlassen. In Wüstenfelde, einem winzigen Dorf im Herrschaftsbereich des Gutes Altfresenburg nördlich von Oldesloe, fand Menno 1554 seine letzte Zuflucht. Der Gutsherr, Bartholomäus von Ahlefeldt, hatte hier schon mehreren anderen flämischen Mennoniten Wohnrecht gewährt. Gesundheitlich schon schwer angeschlagen, nutzte Menno die letzten Jahre seines Lebens für die Verbreitung seiner Theologie in schriftlicher Form. Seine wichtige Schrift, das »Fundamentbuch«, wurde in der Druckwerkstatt in der Kate an der Segeberger Straße neu aufgelegt und gedruckt. Und die Überlieferung besagt, dass Menno die Linde vor dem Haus mit eigener Hand gepflanzt hat. Als Bauernsohn wusste er um die schützende und nährende Kraft dieses Baumes. Am 23. Januar 1561 starb Menno Simons in Wüstenfelde im Kreis seiner Gemeinde. Er wurde im Garten der Kate beerdigt. Einige Jahre später überführte man seinen Leichnam in die friesische Heimat. Das Dorf Wüstenfelde wurde im Dreißigjährigen Krieg zerstört und nicht wieder aufgebaut. Auch die Akten derer von Ahlefeldt fielen dem Krieg zum Opfer, das alte Gutshaus wich im 18. Jahrhundert einem klassizistischen Neubau. Doch die Mennolinde wächst und gedeiht hier nun seit über 450 Jahren und lockt zur Blütezeit die Bienen der Umgebung an. Ihr süßer Honig schmeckt sicher auch den »Mennos« aus den Gemeinden in Hamburg-Altona und Lübeck, die Haus und Garten seit den 1960er Jahren ehrenamtlich pflegen und hier eine

Menno-Gedenktafeln erinnern die Besucher an die Verdienste des Predigers.

Gedenkstätte eingerichtet haben. Ein Gedenkstein in einem Eiben-rondell zeigt den Kirchengründer mit Bart und Buch. Nicht weit da-von steht eine schlanke Blutbuche, die 2012 als Zeichen der Aussöh-nung von Lutheranern und Mennoniten gepflanzt wurde. Wenn alles gut geht, wird auch dieser Baum im Laufe der Jahrhunderte so groß und stattlich werden wie die Mennolinde.

Praktische Informationen:

Die Menno-Simons-Gedächtnisstätte liegt etwa zwei Kilometer nördlich von Bad Oldesloe an der Segeberger Straße. Adresse: Altfresenburg 1, 23843 Bad Oldes-loe. Besichtigung ist nach Anmeldung möglich – www.mennokate.de.

Google-Koordinaten: 53.821402, 10.371443

Mädchen mit Willenskraft

Schmölau (Landkreis Uelzen)

48 Dies ist ein Ort für klare Entscheidungen. Falls Sie momentan überlegen sollten, zu heiraten oder es bleiben zu lassen, könnte ein Besuch an diesem Ort Ihnen vielleicht Klarheit bringen. Hier im Drawehn, dem sanften eiszeitlichen Hügelzug zwischen der Lüneburger Heide und der waldreichen Göhrde, liegt Schmölau mit seinen 20 Einwohnern, Feldern und Wäldchen. Die Besiedlung ist bis in germanische Zeit belegt.

In einem Kiefernwald nordwestlich des Dorfes, hart an der Grenze zu Nievelitz, unweit der alten Frachtstraße von Lüneburg nach Salzwedel, liegt der alte Thingplatz der Gegend.

Zwei schlanke, dolmenartige Steine gibt es hier, nur wenige Meter voneinander entfernt: einen liegenden, etwa 3 Meter lang, und einen stehenden, dessen sichtbarer Teil etwa 2 Meter über die Erde reicht. Der liegende Stein ist die Braut, der stehende der Bräutigam.

Die Geschichte, die sich an diese Steine knüpft, liest sich wie eine Modellrezeptur für Unglück. Einst verlor ein Mädchen aus Schmölau sein Herz an einen Mann aus ihrem Dorf, doch der verschmähte sie. Ihre Eltern wollten sie aber unbedingt verheiraten und arrangierten eine Ehe mit einem Bauern aus Nievelitz. Der Bräutigam kam, sie zu holen, die Aussteuer wurde auf den Wagen geladen, und auch das widerstrebende Mädchen musste auf den Wagen steigen. Unterwegs müssen Worte gefallen sein, die die junge Braut in Wut versetzt haben. Vielleicht hat der zukünftige Ehemann ihr schon mal Bescheid gegeben, welche Arbeiten auf dem Hof auf sie warteten. Was auch immer es war – just als sie an der Grenze zwischen den beiden Dörfern ankamen, sprang das Mädchen auf und rief: »Lieber will ich als Stein tot vom Wagen fallen, als mein Leben lang eure Magd zu sein!« Ein Blitz fuhr vom Himmel, das Mädchen sank leblos vom Wagen, der

Auf dieser Ehe lag kein Segen: Düster schaut der Bräutigam auf seine am Boden liegende Braut.

Bräutigam sprang hinterher, die Pferde gingen vor Angst durch und rasten im wilden Galopp bis zum heimischen Hof in Nievelitz.

Die Dorfbewohner gingen auf die Suche nach den beiden, doch man fand keine Spur von ihnen; stattdessen die beiden großen Steine, wo vorher keine gewesen waren.

In den folgenden Jahren, so wird berichtet, sollen die Braut und der Bräutigam gelegentlich in Erscheinung getreten sein und vor allem den Armen der Gegend Gutes getan haben.

Tatsächlich können geomantisch veranlagte Menschen in der Nähe des Brautsteins etwas wahrnehmen. Es ist, als ob etwas Lebendiges, Trauriges in ihm sei. Und man erzählt sich auch, dass, wenn man ihn an der richtigen Stelle mit dem Messer anritzt, der Stein Blut abgibt. Wir haben es nicht ausprobiert, sondern stattdessen ein paar Minuten still über das traurige Schicksal aller jungen Mädchen sinniert, die in die Ehe mit einem ungeliebten Mann gezwungen wurden – und werden.

1936 sollten die Steine auf Wunsch des damaligen Kreisbauernführers ins nahe Hösseringen gebracht werden, um den dortigen »Landtagsplatz« für Hitlerfeiern zu schmücken. Der Raub misslang – zum einen, weil beherzte Mitarbeiter des Katasteramts sich dagegen wehrten, zum anderen, weil die Steine zu fest im Boden steckten. So werden sie wohl noch lange hier liegen bleiben.

Eine ähnliche Geschichte wird übrigens auch in Mecklenburg-Vorpommern erzählt: Der Breite Stein bei Kiekindemark bei Parchim ist eine zu Stein gewordene Braut, die sich weigerte, den Gutsherrn zu heiraten (siehe »50 sagenhafte Naturdenkmale in Mecklenburg-Vorpommern« von Waldemar Siering).

Praktische Informationen:
Die Steine liegen sehr abgelegen. Von Nievelitz aus ist der Weg mit kleinen Holzschildern ausgewiesen. Eine Fahrrad-Rundtour des Verkehrsvereins Wipperau führt hier vorbei (Nr. 2/grüne Piste). Achtung, sandige Wege!

Google-Koordinaten: 53.040025, 10.839441

Das Natursuchmal von Soderstorf

Bei Suderburg (Landkreis Uelzen)

49 Kleider machen Leute: Für den Kleinen Jeduttenstein stimmt dieser Spruch. Denn bei diesem eher kleinen Findling aus rotem Granit geht es nicht um die inneren Werte, sein Alter oder eine historische Bedeutung. Auch seine Größe ist mit ca. 2 Meter Breite und jeweils 1,5 Meter Länge und Höhe eher übersichtlich. Nein: Das Besondere und Schützenswerte an ihm sind die Flechten, die auf ihm wachsen.

Auf Lateinisch heißen sie Parmelia conspersa und Parmelia panniformis, und laut Niedersächsischer Umweltkarte sind »die 1991 angetroffenen 5 Thalli der letzten Art« das einzige bekannte Vorkommen dieser Art im niedersächsischen Tiefland.

Flechten sind faszinierende Lebewesen, bestehend aus einer Symbiose von Schlauchpilzen und Grünalgen oder auch Cyanobakterien.

Der Kleine Jeduttenstein abseits des Waldweges trägt einen seltenen »Pelz«.

Schützenswerte Flechten auf dem Kleinen Jeduttenstein.

Der Pilz schützt die Algen mit seinem Körper vor Austrocknung; im Gegenzug liefert die Alge ihm Nahrung in Form von Zuckern, die sie durch Photosynthese erzeugt. Die evolutionsgeschichtlich gesehen uralten Flechten sind Überlebenskünstler. Sie wachsen an extremen Standorten wie zum Beispiel auf nacktem Gestein, in Wüsten oder Permafrostgebieten; selbst im Weltraum können sie ohne Schutz zwei Wochen lang überleben. Und sie können uralt werden: Auf Grönland fand man 4500 Jahre alte Flechten! Was ihre Expansion angeht, sind Flechten allerdings sehr bescheiden. Sie begnügen sich mit einem Wachstum von oft nur wenigen Millimetern pro Jahr.

Ja, da liegt er nun allein im Wald, der Kleine Jeduttenstein mit seiner botanisch kostbaren Flechtenhaut. Und seinem merkwürdigen Namen. Was bedeutet »Jedutte?«

In alten lokalen Quellen ist vom »Judithstein« die Rede. Doch der Name leitet sich nicht von der katholischen Heiligen ab, sondern geht auf heidnische Zeiten zurück. »Tiod-ute«, »ziehet aus!«, war ein alter Schlacht- und Hilferuf aus sächsischer Zeit. Man rief

»Jedute!«, um die Waffenbrüder in der Schlacht auf die Gefahr aufmerksam zu machen oder sie zu sich zu rufen. Auch wenn man Verbrecher auf frischer Tat ertappte oder die Umstehenden zu Zeugen einer Anschuldigung machen wollte, rief man in Niedersachsen »Jedute!«. Der Jeduteruf ist die niedersächsische Variante der im Mittelalter überall verbreiteten Praxis des »Gerüftes«, also des lautstarken Rufens in Gefahrensituationen. Alle, die den Ruf hörten, mussten zur Hilfe eilen.

Wir wissen nicht, welche Gefahrensituation dem Jeduttenstein seinen Namen gab. Vielleicht war der Platz auf dem Blauen Berg hier am alten Weg von Suderburg nach Bad Bodenteich in sächsischer Zeit sogar eine Gerichtsstätte. Heute ist es einfach ein Waldweg. Nicht weit entfernt befindet sich hinter einem hohen Zaun ein Reinwasserspeicher, der die umliegenden Gemeinden mit Trinkwasser versorgt.

Einen Großen Jeduttenstein hat es auch einmal gegeben, er lag viele Jahrhunderte lang nicht weit von seinem kleinen Bruder im Wald. Im fortschrittshungrigen 19. Jahrhundert ereilte ihn dasselbe Schicksal wie viele andere große Steine auch: Er wurde in Stücke gehauen und als Baumaterial fortgeschafft. Die Fragmente des großen Jeduttensteins dienen seit ca. 1846 der Befestigung der Eisenbahnbrücke bei Bad Bevensen-Medingen. Die Linie Celle–Harburg führt dort entlang.

Einer alten Sage nach schlummerte im Großen Jeduttenstein seit 700 Jahren die Tochter des letzten Heidekönigs. Sie war von der bösen Hexe in den Stein verbannt worden. Nur ein Jüngling aus königlichem Geschlecht konnte mit einem Schlag seiner Gerte an den Stein den bösen Zauber brechen. Nach der Errettung sollten die beiden heiraten und den Thron des Königs wiedererrichten. Dann sollte auch die Heide, die die Hexe verwüstet hatte, wieder ergrünen, sollten auf ihr neue Bäume wachsen.

Die Bauarbeiter, die den Stein zerbrachen, waren vermutlich nicht königlichen Geschlechts. Aber irgendwie ist die Prinzessin wohl doch entwischt, denn viele der Heideflächen, die im Mittelalter durch zu starken Holzeinschlag für die Lüneburger Salinenfeuer entstanden, sind inzwischen wieder aufgeforstet. Zwar hauptsächlich »nur« mit Kiefern, aber immerhin. Auch der Kleine Jeduttenstein wurde angebohrt, doch letztendlich verschont. 1967 schlug ein Blitz in den Stein und sprengte einige Brocken ab; an den Bruchstellen ist der rötliche Granit deutlich zu erkennen.

Praktische Informationen:
Der Forst auf dem Blauen Berg wird im Norden von der K9 von Suderburg nach Stadensen und westlich von der Bundesstraße B4/B191 von Uelzen nach Sprakensehl begrenzt. Der Stein ist nicht ausgeschildert, sondern will entdeckt werden. Wir haben ihn, zu Fuß von einem Waldweg querab der B4/B191 kurz nach dem Parkplatz kommend, per GPS-Ortung gefunden. Eine Annäherung von der K9 ist auch möglich.

Google-Koordinaten: 52.879733, 10.485984

Königseiche

Der General des Klosterfleckens

Ebstorf (Landkreis Uelzen)

50 Alte Bäume und das Mittelalter üben auf viele Menschen einen besonderen Reiz aus. Einer der Gründe für diese Faszination mag sein, dass wir vieles einfach nicht genau wissen können. Wir haben Hinweise, Anhaltspunkte und mehr oder weniger verlässliche Quellen, aber der letzte Beweis bleibt oft vor uns verborgen.

Nehmen wir zum Beispiel die Königseiche bei Altenebstorf. Ganz unmissverständlich steht sie da, riesengroß und eindrucksvoll, an einem Waldrand außerhalb des weltberühmten Klosterortes Ebstorf. Sie hat den stolzen Umfang von 8,80 Metern, in Hüfthöhe über dem Boden gemessen, und belegt damit im Ranking der dicksten deutschen Eichen (ja, so etwas gibt es!) Platz 31. Und da sie im Wald aufwuchs, reckt sie sich auch beeindruckende 30 Meter in die Höhe. Vor einigen Jahren hat der Baum im Sturm einen seiner mächtigen Hauptäste eingebüßt, aber ansonsten sieht er völlig gesund und kraftvoll aus. Die Leute in der Gegend nennen ihn »den General«.

So viel zu den Fakten. Doch nun zum Ungewissen: dem Alter. Manche sagen, die Ebstorfer Eiche sei eine tausendjährige. Das klingt natürlich toll, ist aber vermutlich weit übertrieben (Anmerkung zum Lebensbaum im Reinbeker Schlosspark auf Seite 190). Andere sagen, sie sei 800 Jahre alt. Auch das ist für eine Eiche ein sehr, sehr hohes Alter, und man kann die über 800-jährigen Eichen in Deutschland an einer Hand abzählen. Außerdem wird das Alter meist mit dem »Verlust der inneren Werte« erkauft – Methusalem-Eichen sind fast immer hohl. Und das trifft auf die Ebstorfer Königseiche noch lange nicht zu! Nein, realistisch ist wohl die Meinung des Deutschen Baumarchives, das das Alter auf 360 bis 450 Jahre schätzt. Also keimte diese Pflanze irgendwann zwischen 1565 und 1655, im frühen bis mittleren Barock. Genauer wüsste man es nur mit Hilfe einer Kernholzbohrung, doch das will man einem so schönen Baum natürlich nicht antun.

Nun also vom alten Baum zum Mittelalter. Ein viel weiter zurückliegendes Datum, das große Bedeutung für die Entwicklung von Ebstorf hatte, ist uns ganz genau überliefert: Am 2. Februar 880 soll hier bei Ebstorf ein Wikingerheer die Sachsen besiegt haben. Die Liste der erschlagenen sächsischen Herren in den »Annales Fuldenses«, der wichtigsten mittelalterlichen Quelle für ostfränkische Geschichte, liest sich wie ein Eintrag aus Tolkiens »Herr der Ringe«: Neben dem Herzog Bruno von Sachsen fielen »Bischof Theoderich von Minden, Bischof Markward von Hildesheim, die elf Grafen Wigmann, Bardo, Bardo und Bardo, Thiotrich und Thiotrich, Gerrich, Liutolf, Folkward, Awan, Liuthar sowie die Ministerialen Bodo, Aderam, Alfuin, Addasta, Aida, Aida, Dudo, Wal, Halilf, Humildium, Adalwin, Werinhard, Thiotrich und Hilward«. Wie viele einfache Soldaten in der Schlacht ihr Leben ließen, ist nicht bekannt. Und vor allem weiß man nicht, ob die Schlacht wirklich bei Ebstorf stattgefunden hat. Denn so penibel die Annalen auch die Ritternamen auflisten – den Ortsnamen verraten sie nicht.

Fakt ist, dass die aus Dänemark und Norwegen kommenden Wikinger im 9. Jahrhundert ihr Unwesen in Norddeutschland trieben. 845 segelten sie die Elbe hoch, plünderten und zerstörten die Hammaburg und trieben Bischof Ansgar in die Flucht nach Bremen. Hamburg brauchte fast 300 Jahre, um sich von diesem Schock zu erholen.

Die Wikinger, die 880 die Ostsachsen angriffen, kamen vermutlich aus England, wo König Alfred der Große die Invasoren gerade in mehreren erbitterten Schlachten zurückgedrängt hatte. In den wenig besiedelten und nach dem Tode Karls des Großen nur schwach geschützten Gebieten wollten sie nun neue Beute machen.

Nun sind wir wieder bei den Zweifeln. Dass es eine Schlacht gab und viele Sachsen ihr Leben ließen, scheint sicher. Doch wo? Heutige Forscher vermuten, dass die Heere im Raum Stade zusammentrafen.

Eine sehr große Eiche lässt selbst einen großen Mann klein aussehen.

Für diese These spricht, dass die Wikinger sich als Seefahrer ungern weit von den großen Flüssen entfernten. Dass sie mit ihren Langbooten die Ilmenau hinaufsegelten, ist wenig wahrscheinlich. Wir folgen also einfach der mittelalterlichen Legende. Die besagt, dass die Gräber der erschlagenen Sachsen viele Jahre nach der Schlacht in der Nähe von Ebstorf entdeckt wurden. Die Wikinger waren Heiden, die Sachsen Christen. Ein im Krieg gegen Heiden gestorbener Mann war nach damaliger Auffassung ein Märtyrer, der besondere Verehrung verdiente. 1160 ließ Volrad von Bodwede, Graf von Dannenberg, ein Kloster in Ebstorf errichten und die Gebeine der Märtyrer dorthin überführen. Das war klug, denn Reliquien wurden heilige Wunderkräfte zugeschrieben. Die Märtyrer machten Ebstorf im Hochmittelalter zu einem bedeutsamen Wallfahrtsort, und Pilger brachten gutes Geld in die Kassen der hier lebenden Benediktinerinnen. Zusätzliche Einnahmequellen waren Anteile an der Lüneburger Saline und Einkünfte aus Landbesitz.

Seit der Reformation ist es mit dem Reliquienkult und auch mit den Benediktinerinnen in Ebstorf vorbei. Doch noch heute ist das Kloster ein Ort der frommen Kontemplation. Seit 1529 ist es ein evangelischer Damenkonvent.

Im Jahr 1830 machte die Konventualin Charlotte von Lassberg in einem »Gemache, wo früher vasa sacra, Stangen, welche vielleicht bei Umzügen gebraucht, Muttermarienbilder, Altardecken und dgl. aufbewahrt worde«, einen sensationellen Fund: eine mittelalterliche Weltkarte (mappa mundi). Mit 3,57 Metern Durchmesser war die Karte, die aus 30 zusammengenähten Pergamentstücken bestand, die damals größte und detailreichste ihrer Art. Sie entstand um 1300, und es ist anzunehmen, dass sie in Ebstorf hergestellt wurde. Die Klosterbücher belegen, dass die Benediktinerinnen neben Handarbeiten auch Bücher herstellten und verkauften.

Die Ebstorfer Weltkarte vermittelt uns tiefe Einblicke in die zutiefst christlich geprägte Weltsicht des Mittelalters. Die damaligen Kartografen zeigten die Welt nicht in ihren geografischen Abmessungen, sondern ordneten den Raum der Gläubigkeit unter. So liegt der heiligste Ort, Jerusalem, in der Mitte, und alle anderen Orte befinden sich in relativer Entfernung dazu. Auch Ebstorf mit seinen Märtyrern ist auf dem mittelalterlichen Wimmelbild verzeichnet, zusammen einer bunten Schar von Fabelwesen, Tieren, dem Paradies und dem Turm zu Babel.

Die Karte kam ins Staatsarchiv von Hannover und wurde, obwohl das Kloster 1939 darum bat, nicht zurückgegeben. Dort ist das unschätzbar kostbare Original dann in der Nacht auf den 9. Oktober 1943 bei einem Bombenangriff verbrannt. Anhand von Fotografien gelang es dem Kunstdrucker und Maler Rudolf Wieneke nach dem Krieg, vier originalgetreue Nachbildungen der Weltkarte herzustellen. Eine davon wird heute im Rahmen von Führungen im Kloster gezeigt.

Praktische Informationen:
Vom Kloster Ebstorf über die Bahnhofstraße (L250) in Richtung Uelzen fahren. Kurz nach der Bahnüberquerung geht rechts im spitzen Winkel die Straße Am Westerholz ab. Die Eiche steht nach ca. 300 Metern direkt am Waldrand.

Google-Koordinaten: 53.015517, 10.426565

Literaturverzeichnis

Ahrens, Claus: Die Alte Burg bei Hollenstedt. Hamburg: Helms-Museum, Hamburgisches Museum für Vor- und Frühgeschichte 1980

Alsdorf, Dietrich: Hügelgräber, Burgen, Kreuzsteine. Bildführer zu vorgeschichtlichen und mittelalterlichen Denkmälern im Raum Stade. Mit Beiträgen von G. Mettjes. Stade 1980

Alte Geschichten aus Dithmarschen. Erzählt von Waldemar Krause, mit Zeichnungen von Jens Rusch. Heide: Boyens 1976

Bertram, Horst: Naturdenkmäler im Nordosten Hamburgs. Berichte des Botanischen Vereins zu Hamburg, Vol. 20 (2002), S. 15–21

Bielefeld, Jörg; Büllesbach, Alfred: Bismarcktürme. Architektur, Geschichte, Landschaftserlebnis. München: Morisel Verlag 2014

Böhme, Jürgen (Red.): 1200 Jahre Hollenstedt: 804–2004. Hollenstedt 2004

Bönig, Dieter: Itzehoe und der Kreis Steinburg: Lebensräume an Stör und Elbe. Clenze: Ed. Limosa 2008

Cordes-Vollert, Doris (Hrsg.): Projekt: Schüberg. Die Natur sprechen lassen. Bad Oldesloe: Kulturstiftung Stormarn 1989

Cuveland, Helga de: Schloss Ahrensburg und die Gartenkunst (Stormarner Hefte 18). Neumünster: Wachholtz 1994

Deecke, Ernst: Lübische Geschichten und Sagen. Lübeck: Boldemann 1852

Ehlers, Jürgen: Geo-Touren in Hamburg. Hamburg: Hamburger Behörde für Stadtentwicklung und Umwelt 2008

Elster, Marianne (Red.): »In Treue und Hingabe«: 800 Jahre Kloster Ebstorf (Schriften zur Uelzener Heimatkunde Bd. 13). Uelzen: Becker 1997

Fock, Gorch: »Etwas über Sagenbildung.« In: Pädagogische Vereinigung von 1905. (Hrsg.): Heimatbuch für unser hamburgisches Wandergebiet. Hamburg: Boysen 1914. S. 46–51

Friedrich, Ernst Andreas: Gestaltete Naturdenkmale Niedersachsens. Hannover: Landbuch-Verlag 1982

Friedrich, Ernst Andreas: Naturdenkmale Niedersachsens. Hannover: Landbuch-Verlag 1981

Grube, Alf: Der Perlenschnur-Os von Ritzerau. In: Schriften des Naturwissenschaftlichen Vereins für Schleswig-Holstein, Bd. 74, 2014, S. 11–27

Harms, Ute u. a.: 775 Jahre Uetersen. Uetersen: Heydorn 2009

Hesse, Stefan: Theiss Archäologieführer Niedersachsen.
Stuttgart: Theiss 2003

Hillmer, Rolf: Geschichte der Gemeinde Suderburg (Schriften zur Uelzener
Heimatkunde, Bd. 6). Uelzen: Becker 1986

Historische Blätter 12. Hamburg: Historischer Arbeitskreis 1989

Hubrich-Messow, Gundula (Hrsg.): Sagen und Märchen aus Segeberg.
Husum 1998

Jedicke, Leonie: Naturdenkmale in Schleswig-Holstein.
Hannover: Landbuch Verlag 1989

Jeschke, Lebrecht; Schmidt, Harry: Auswahl und Pflege von Naturdenkmalen. In: Naturschutzarbeit in Mecklenburg. Greifswald. Vol. 23, Nr. 2 (1980)

Kobbe, Theodor von; Plath-Langheinrich, Elisabeth: Die Schweden im Kloster zu Uetersen. Unheimliche Geschichte in historischem Rahmen.
Uetersen 1992

Kreidt, Dietrich: Streifzüge durch die deutsche Kulturgeschichte.
Niedernhausen: Falken 1991

Kröber, Harald: Natur und Landschaft in Niedersachsen. Die Naturdenkmal-
Typen. Hannover: Schlütersche Verlagsbuchhandlung 2002

Matthies, Jörg: Unter einer Krone Dach. Die Doppeleiche als schleswig-hol-
steinisches Unabhängigkeitssymbol. Neumünster: Wachholtz Verlag 2003

Meier, Otto G.: Von alten Bäumen, Gräbern und Steinen in Dithmarschen.
Ein Führer zu den Naturdenkmalen. Heide: Boyens 1964

Moserl, Lothar (Hrsg.): 750 Jahre Uetersen. Uetersen 1984

Mucke, Dieter; Baldauf, Sebastian; Knolle, Friedhart: Die Entstehung der
Kalkberghöhle Bad Segeberg. Zum Download auf http://www.noctalis.de/

Naturdenkmale im Landkreis Ostholstein. Historie, Porträts, Karte. Eutin:
Fachdienst Naturschutz des Landkreises Ostholstein 2007. Zum Download
auf http://www.kreis-oh.de/Bürgerservice/Publikationen/

Plath-Langheinrich, Elsa: Das Kloster am Uetersten End. Ein kleiner Weg-
weiser durch den historischen Park des einstigen Zisterzienserinnenklosters
und späteren Adeligen Damenstiftes Uetersen. Uetersen: Heydorn 2008

Poppendieck, Hans-Helmut; Bertram, Gisela; Engelschall, Barbara (Hrsg.):
Der Botanische Wanderführer für Hamburg und Umgebung.
München und Hamburg: Dölling & Galitz 2016

Poppendieck, Hans-Helmut; Schreiber, Helmut: Baumland. Porträts von
alten und neuen Bäumen im Norden. Hamburg: Murmann 2005

Poßin, Erhard: Der Kalkberg, Bd. 4 der Lüneburger Hefte.
Hrsg.: Backsteinprojekt e. V., Lüneburg 2008
Reichardt, Christa u. a.: Grafen, Lehrer und Pastoren. 400 Jahre Schloß
und Kirche Ahrensburg, Husum 1995
Reichardt, Christa: Der Dichter Detlev von Liliencron und Ahrensburg.
Ahrensburg 1989.
Rickert, Hans-Werner: Gut Nütschau. Vom Rittersitz zum Benediktiner-
kloster. Eine Chronik. Mit Beitragen von Marianne Dräger.
Neumünster: Wachholtz 2007
Rölleke, Heinz: Das große deutsche Sagenbuch.
Düsseldorf: Albatros Verlag 2001
Röper, Carl; Carstens, Irmgard; Zupp, Lothar: Bilder und Nachrichten aus
dem Alten Land und seiner Umgebung. Band I–III. Jork:
Verein zur Förderung und Erhaltung Altländer Kultur, 1988
Schindler, Margarete (Hrsg.): 700 Jahre Neukloster: Dorfchronik.
Buxtehude 1986
Schipull, Klaus (Hrsg.): Hamburg: Stadt und Hafen, Umland und Küste.
37 geographische Exkursionen. (Hamburger geographische Studien 48)
Hamburg 1999
Schmiedel, Judith: Die Bracks in Hamburg. Als PDF verfügbar auf
http://www.hamburg.de/contentblob/110242/data/bracks.pdf
Schmille, Kai: Die hamburgischen Naturschutzgebiete. Grüne Juwelen in der
Großstadt. Bremen: edition Temmen 2011
Storm, Theodor: Sagen, Märchen und Schwänke aus Schleswig-Holstein.
Heide: Boyens 2012
Trede, Helmut: Kollmar. Ein Marschendorf am Ufer der Elbe. Husum 2002
Trende, Frank: Historische Orte erzählen Schleswig-Holsteins Geschichte.
Heide: Boyens 2004
Vieth, Harald: Hamburgs Grün. Interessante Bäume und Sträucher.
Hamburg: Vieth 2015
Zimfahl, Winfried: Naturdenkmale oder -mäler? In: Naturschutzarbeit in
Mecklenburg. Greifswald. Vol. 4, Nr. 1 (1961)

Bildnachweis

Alle Fotos von der Autorin außer:
Titelbild dianamower – Fotolia.de
S. 11 Schwoab – Fotolia.de
S. 15 Geologisches Landesamt Hamburg
S. 29 Von Vitavia – Eigenes Werk, CC-BY-SA 4.0,
   https://commons.wikimedia.org/w/index.php?curid=40316663
S. 45 Von Dirtsc / Wikimedia Commons /, CC BY-SA 3.0,
   https://commons.wikimedia.org/w/index.php?curid=40593766
S. 55 Jennes, Heiner
S. 75 farbkombinat – Fotolia.de
S. 79 Von Miya.m – Miya.m's file, CC BY-SA 3.0,
   https://commons.wikimedia.org/w/index.php?curid=1001059
S. 83 Von Bullenwächter – Eigenes Werk, CC BY 3.0,
   https://commons.wikimedia.org/w/index.php?curid=20397755
S. 97 Von Jan Peer Baumann – Eigenes Werk, CC BY-SA 3.0,
   https://commons.wikimedia.org/w/index.php?curid=16992134
S. 139 Von Original by Pegasus2reworked by Sioux – Eigenes WerkPe-
   gasus2 see Image:Helgoland_Vogelperspektive.jpg, CC BY-SA 3.0,
   https://commons.wikimedia.org/w/index.php?curid=1529452
S. 140 (Von Dirk Vorderstraße, CC BY 2.0,
   https://commons.wikimedia.org/w/index.php?curid=31872813
S. 141 Von Andreas Trepte – Eigenes Werk, CC BY-SA 2.5,
   https://commons.wikimedia.org/w/index.php?curid=2008930
S. 175 Von PodracerHH – Eigenes Werk, CC BY-SA 3.0,
   https://commons.wikimedia.org/w/index.php?curid=5195970
S. 182–183 Von Ajepbah – Eigenes Werk, CC BY-SA 3.0,
   https://commons.wikimedia.org/w/index.php?curid=20799120

Dank

Viele Menschen waren an der Entstehung dieses Buches beteiligt. Mein erster Dank geht an Dr. Sibylle Hoffmann, die mich und den Steffen Verlag zusammenbrachte. Für Auskünfte, Hinweise und Materialien danke ich Claudia Keßler vom Hamburger Amt für Naturschutz, Grünplanung und Energie sowie Dr. Alf Grube und Marianne Schwarz vom Geologischen Landesamt Hamburg für Artikel und das Foto vom Alten Schweden am Haken.

Dank an die Experten vor Ort, die über ihre Gebiete so viel mehr wissen als ich und dieses Wissen freigiebig geteilt haben: Eckhard und Doris Moßner, Grabau; Horst Bertram, Botanischer Verein Hamburg; Heinz-Werner Steckan, Timo Depke und Jens-Peter Stödter, NABU-Arbeitskreis Walddörfer; Harald Vieth, Hamburg; Lydia Thiessen, Dithmarschen; Daniel Bein, Zoologisches Museum der Universität Hamburg; Stadtführerin Kornelia Kenklies, Stade; Naturführerin Gisela Oden-Behrend, Pinneberg; Dr. Ulrike Möller von der Bibliothek der Carl-Toepfer-Stiftung Hamburg, Wolf Rüdiger Ohlhof vom Gemeinnützigen Verein Travemünde und Hans-Albrecht Hewicker, Naturschutzbeauftragter des Landkreises Pinneberg.

Ein großer Dank gebührt den Fahrern und Fahrerinnen, die mit mir in ihren Autos geduldig über Stock und Stein geholpert und einmal sogar im Morast versackt sind, um Naturdenkmale weitab der Buslinien zu besuchen: allen voran mein Freund Ralf Otterpohl, sowie Felix Huber, Stephan Mross, Imke Krüger und Dr. Sonja Valentin.

Zuletzt möchte ich meinen Eltern Adelheid und Peter Huber dafür danken, dass sie mir die Freude an der Natur, am Schauen und an der Sprache geschenkt haben. Ihnen ist dieses Buch gewidmet.

Vom Berliner Teufelsmoor bis zum Markgrafenstein bei Fürstenwalde

ISBN 978-3-95799-011-2, 14,95 Euro

Alexander von Humboldt benutzte den Begriff Naturdenkmale wohl das erste Mal: »monuments de la nature« schrieb er überwältigt beim Anblick eines Baumes. Autor Lars Franke streifte durch Berlin und Brandenburg und machte sie ausfindig, die hiesigen Naturdenkmale, darunter Bäume von großer Faszination wie die Humboldt-Eiche und die Dicke Marie. Er erkundete das Wunder des Wassers, das Wispern der Wiesen, die Magie der Moore und die Stimme der Steine. Naturbeschreibungen, unterhaltsame Hintergrundgeschichten und Sagen sowie eindrucksvolle Fotos laden nicht nur Naturfreunde zum Entdecken, Staunen und Reisen ein.

www.steffen-verlag.de/reiseliteratur

Von den Feuersteinfeldern in Neu Mukran bis zum Gespensterwald Nienhagen

ISBN 978-3-95799-022-8, 14,95 Euro

Mecklenburg-Vorpommern ist berühmt für seine Natur, die oftmals das Bild von Unberührtheit vermittelt, von Urwüchsigkeit und beeindruckender Vielfalt. Kaum verwunderlich also, wie viele Naturdenkmale das Land zwischen Ostsee und Seenplatte aufzuweisen hat: jahrhundertealte Bäume, Findlinge von faszinierender Größe, Binnenwanderdüne oder sagenumwobener See. Autor Waldemar Siering hat 50 der interessantesten von ihnen aufgesucht und ihre Geschichten auf Papier verewigt – unterhaltsame Naturbeschreibungen, Überlieferungen wie die vom Königsstuhl und Sagen wie die vom Teufel und den Eichen von Ivenack eingeschlossen.

www.steffen-verlag.de/reiseliteratur

Unheimlich geht es in Schleswig-Holstein zu!

Karolin Küntzel

Spuk
geschichten aus
Schleswig-Holstein

steffen verlag

ISBN 978-3-95799-025-9, 12,95 Euro

Gongers, auch Wiedergänger genannt, kommen des Nachts auf Sylt in die Häuser und hinterlassen Salzspuren auf den Fußböden. Wer ihnen die Hand reicht, der verliert diese – schwarz und verkohlt. Eine weiße Hand wuchs hingegen in Marienstedt im Lauenburger Lande aus dem Grabe eines Vogtes, der sich am Vater versündigt hatte. Diese und viele andere Spukgeschichten hat Autorin Karolin Küntzel aus ihrer Heimat Schleswig-Holstein zusammengetragen. Legenden um böse Geister, verwunschene Bräute und versteckte Schätze zeichnen ein lebendiges Bild über Mutmaßungen, Sehnsüchte und Wünsche, aber auch Ängste unserer Ahnen.

www.steffen-verlag.de/belletristik

Einzigartige Entdeckungen
für Touristen und Einheimische

978-3-942477-76-5, 14,95 Euro

Schleswig-Holstein entdecken – das Land zwischen Ost- und Nordsee, Dänemark, Hamburg und Elbe bietet neben Sehenswürdigkeiten wie dem Wattenmeer, Lübecks Altstadt mit dem Holstentor, den Inseln Sylt und Fehmarn auch jene Wunder, die vielfach erst entdeckt werden müssen. Die Schwebefähre in Rendsburg, das Kohlmuseum Wesselburen, die Wikingersiedlung Haithabu, die Tauchgondel in Grömitz, Deutschlands tiefste Landstelle oder die Pfahlbauten in St. Peter-Ording sind Beispiele für die vielgestaltigen Ausflugsziele. Mit journalistischer Kompetenz führt Autor Rainer Stephan durch die verschiedenen Regionen Schleswig-Holsteins.

www.steffen-verlag.de/reiseliteratur

Umschlagfotos:
Schachbrettblumen im Seevetal (Landkreis Harburg) S. 72
Findling Alter Schwede in Hamburg-Othmarschen S. 15
Tausendjährige Eiche von Barmstedt (Kreis Pinneberg) S. 151
Grabauer Gräberfeld (Kreis Stormarn) S. 181

Die Deutsche Nationalbibliothek verzeichnet diese Publikation
in der Deutschen Nationalbibliografie;
detaillierte bibliografische Daten sind im Internet über
http://dnb.d-nb.de abrufbar.

1. Auflage 2017
© Steffen Verlag GmbH
Berliner Allee 38, 13088 Berlin, Tel. (030) 41 93 50 08
info@steffen-verlag.de, www.steffen-verlag.de

Herstellung: Steffen Media, Friedland – Berlin
www.steffen-media.de

ISBN 978-3-95799-030-3